La preservación de los documentos electrónicos

Joan Soler

Diseño del libro y de la cubierta: Natàlia Serrano
La UOC genera este libro con tecnología XML/XSL.

Primera edición: Julio 2008

Rambla del Poblenou, 156, 08018 Barcelona
www.editorialuoc.com
Impresión: Bookprint
ISBN: 978-84-9788-728-1
Depósito Legal:

Nuestro contrato

Este libro le interesará si quiere saber:

- Cuál es el paradigma de la preservación de documentos electrónicos en el entorno de la administración electrónica.
- Que la administración electrónica es algo más que satisfacer en primera instancia a los ciudadanos.
- Que hace falta una sola estrategia integrada para afrontar los retos de la comunicación entre los ciudadanos y la administración por vía electrónica y telemática.
- Cuáles son los elementos esenciales que deben preservarse de la documentación administrativa producida en las entidades públicas.
- Por dónde hay que empezar si se quiere realizar un archivo digital de documentos electrónicos.

Índice de contenidos

El objeto de estudio

Desde hace algunos años la realidad del documento electrónico se ha impuesto con fuerza en el interior de las administraciones públicas. Existen en la actualidad dos entornos de acción que dirigen el mundo de los documentos electrónicos: el desarrollo de la administración electrónica y la preservación del documento electrónico. Ambos entornos, sin embargo, están entrando en contradicción. Se habla mucho de la fractura digital que se puede producir entre los ciudadanos y de las dificultades para acceder con las nuevas tecnologías a la información pública, pero nada se dice de la fractura digital en el interior de las administraciones públicas, en el interior de sus organizaciones. Dos entornos que conviven con un solo objetivo: permitir el acceso a la información pública por parte de los ciudadanos. Los dos entornos, sin embargo, creen poder llegar al objetivo de maneras diferentes. Así los impulsores del concepto de administración electrónica se ocupan del *front-office*, y dejan en segundo término el *back-office*. Por el contrario, los impulsores de la preservación del documento electrónico se ocupan del *back-office*, e intentan domesticar el *front-office* con el fin de que lo que les llegue esté lo más ordenado y más coherentemente racionalizado posible. El equilibrio será la base del éxito. Sin embargo, el día a día nos demuestra que hay serias dificultades para hacer converger en una estrategia común ambas maneras de ver las cosas.

Hay que ser optimistas. Tener una visión completa e integral del proceso se convierte cada vez más en una decisión estratégica de primer orden en el ámbito institucional. Ambas ópticas son económicamente pesantes y, por lo tanto, hay que escoger por donde se empieza. Sin duda la que está ganando es la del impulso de la administración electrónica.

No hay que olvidar que las decisiones tomadas ahora acabarán afectando a nuestro futuro de una manera u otra. Si nos fijamos en conceptos de orden económico y en los costes que supone la implementación de una óptima administración electrónica, observaremos que si no se tiene en cuenta la estructuración de la información y de la documentación que acabará ingresando en las instituciones públicas, el gasto, a largo plazo, será mucho más alto de lo que cualquier previsión pueda establecer.

Nuestro objetivo es demostrar la necesidad de una visión estratégica también en el mundo de la preservación de los documentos electrónicos. Para poder abordar esta situación empezaremos desde el origen. Analizaremos qué tenemos que entender por documento electrónico, qué lo hace significativo, qué lo dota de calidad y le añade valor para que tenga que ser y pueda ser preservado durante el tiempo que sea necesario, es decir, durante un mínimo de 4 años y durante un máximo de permanencia infinita. Observaremos que la conservación a largo plazo de la documentación electrónica añade valores adicionales a la información preservada en las instituciones públicas. Preservar los documentos permite la preservación de la información de una sociedad y la perpetuación de su memoria. Y este es un valor que, como el desarrollo de cualquier ciencia, entendemos que se justifica por sí mismo.

Nuestra perspectiva proviene del mundo de los archivos. Los archivos tienen que asumir la responsabilidad de proteger los derechos que se transmiten a partir de los documentos. No sólo transmiten cultura, sino que son los responsables de la preservación de los derechos de los ciudadanos. Por este motivo han entrado, con fuerza, a formar parte de la gestión de la documentación electrónica generada por las administraciones públicas.

DEL DATO AL OBJETO DIGITAL, PASANDO POR EL DOCUMENTO DE ARCHIVO

¿Información, datos, documentos, materiales, soportes? ¿Qué queremos preservar en el ámbito electrónico? Lo primero que debe determinarse es una distinción clara entre tres conceptos clave: dato, información y documento.

Un dato es la unidad de información más básica, que debidamente combinada con otros datos acaba configurando información. La información es la relación combinada de datos que aporta significación. La información registrada en un soporte con una determinada forma adscrita se convierte en un documento. En el ámbito electrónico, el procesamiento de los datos es lo que proporciona información. Los datos y la información son el objeto de análisis y explotación de los sistemas de gestión de la información; los documentos, en cambio, son el objeto de análisis y explotación de los sistemas de gestión documental. Un sistema de gestión documental también es un sistema de información, pero un sistema de gestión de información no tiene por qué ser un sistema de gestión documental. Esta distinción clave es la que a menudo no se comprende en el interior de las organizaciones, por lo que se convierte en uno de los puntos críticos en la buena gestión de la administración electrónica. La piedra angular de la administración electrónica es la buena gestión de la información de que disponen las organizaciones públicas para poder ponerla al alcance del ciudadano con agilidad y eficiencia. Pero la mayoría de la información de la administración pública se vehicula a partir de un producto informativo llamado documento administrativo. Eso hace que la información en sí misma no sea constitutiva de derecho y no produzca efectos jurídicos. Los documentos, en cambio, sí.

El documento administrativo

Un documento, según su función, puede ser cognitivo o administrativo. El cognitivo es aquel que transporta información de tipo científico, técnico, cultural, bibliográfico, entre otras. El administrativo es aquel generado como consecuencia de la actividad ordinaria de una institución, en el que se manifiesta una voluntad humana y en el que se representa un acto jurídico; es una acción documentada. En función del acto, el documento administrativo se puede subdividir en tres tipologías: el documento dispositivo, el documento probatorio y el documento instrumental.

El documento dispositivo tiene lugar cuando el acto y el documento son contemporáneos y, por lo tanto, constituye evidencia escrita de un acto jurídico. Sin el documento el acto no existe. Ejemplos de estos pueden ser un convenio o un contrato. Se dice que este documento se ha generado *ad substantiam*.

El documento probatorio es aquel que sirve para dejar constancia del acto independientemente del documento. El acto y el documento son dos momentos sucesivos y no coincidentes. Se dice que este documento se ha generado *ad probationem*. Un ejemplo claro de esta tipología sería el acta de una reunión.

El documento instrumental lo tenemos cuando se genera para dar apoyo de contenido informativo a un acto sustancialmente oral. Este puede ser o bien de orden auxiliar y, por lo tanto, es un documento que deja evidencia escrita de una actividad sin ser determinante en ningún acto jurídico, o bien de orden narrativo y, por lo tanto, no forma parte de ninguna actividad jurídicamente relevante. Algunos de estos documentos pueden ser también cognitivos, como por ejemplo proyectos, informes, estadísticas, entre otros.

Los documentos administrativos sirven para conferir certeza en el interior de los sistemas jurídicos con el fin de resolver la necesidad social de reducir la inseguridad inherente a las relaciones sociales, jurídicas y económicas. La cualidad de la certeza en los documentos públicos ha sido siempre custodiada por la autoridad pública y es la base de su ejercicio de poder. La administración electrónica continúa siendo administración pública aunque cambien los canales de comunicación, de modo que la autoridad la sigue teniendo conferida. De esta manera tiene que seguir ofreciendo certeza en los documentos que genera con el fin de conferir certeza al sistema jurídico que ejecuta. La certeza es propia del sistema jurídico y propia del documento administrativo y, por lo tanto, será uno de los elementos fundamentales que se deberá preservar a lo largo del tiempo.

Certeza no quiere decir veracidad. Un documento puede ser cierto pero su contenido no ser veraz. Lo que se preserva es la capacidad del documento de ser fiable en el interior de un sistema y auténtico con respecto a la responsabilidad que le es inherente. La verdad del contenido es un valor distinto en este caso y no viene determinado por la certeza del documento. La certeza sólo confiere autoridad. Paralelamente, la compleción y la precisión de los documentos deberán estar garantizadas: la compleción permite que los efectos jurídicos se puedan activar; la precisión permite que los efectos jurídicos no sean ambiguos.

El documento administrativo electrónico

Las cualidades que hemos visto hasta ahora pueden ser utilizadas en un entorno analógico y electrónico. Un elemento, sin embargo, que ha cambiado en el nuevo entorno electrónico es el significado de la forma. Así como antes la forma era un elemento que permitía discernir la autenticidad y la fiabilidad de los documentos, ahora no es así. En el ámbito electrónico la forma ha entrado en crisis porque no existe una forma física visible al ojo humano, sino una codificación informática que lo ha virtualizado.

Un documento, según su configuración física, puede ser analógico, electrónico y/o digital. Los documentos analógicos son aquellos que se representan mediante soportes, como el papel, que suelen ser inteligibles para el ojo humano y tienen un impacto visual directo. Un documento electrónico es aquel que, siendo analógico o digital, tiene que ser interpretado y ser mostrado al ojo humano mediante un ordenador. El documento digital es aquel documento electrónico que ha sido codificado a partir de un código binario formado por unos y ceros. Cada uno de los signos 0 y 1 que representan un número, una letra, una imagen o un sonido en un documento digital se llama *bit*. El conjunto de ocho *bits* configura un *byte* y el proceso de transformación o codificación de la información en una serie de ceros y unos se llama digitalización.

La cadena de bits o *bit-stream* es la configuración de una secuencia de bits en formato binario que se transmite, almacena o se recibe como unidad. La agregación de un conjunto de metadatos descriptivos necesarios para ordenar, estructurar o manifestar el contenido y forma de una o más cadenas de bits, configura los llamados componentes digitales. Y la agregación de uno o más componentes digitales, con la información sobre sus propiedades y los métodos de ejecución de operaciones, configuran el llamado objeto digital.

El documento digital, pues, es una secuencia de ceros y unos elaborada con información sobre su contexto de creación, su contenido físico e intelectual y la estructura tecnológica que los ha generado. Esta fisicidad diferente de la analógica, que hace que la forma del documento no sea decisiva a efectos evidenciales o probatorios, provoca que se tengan que buscar mecanismos que permitan mantener estos efectos de todas formas. Conferir la certeza que se le presupone a las administraciones públicas en sus documentos digitales es un paso obligatorio.

También hay que distinguir entre documento "nacido digital" y documento digitalizado "nacido analógico", fruto de una transferencia de soporte. El primero es el que ha sido codificado en primera instancia con forma binaria; el segundo es el que habiendo sido generado en papel o en algún otro soporte, ha sido codificado a posteriori con ceros y unos, y ha pasado a ser tratado por descodificadores digitales. La diferenciación es importante y objeto de debate en la implementación de mejoras en la administración electrónica. Se habla a menudo de digitalización masiva de documentos en papel para poder ser tratados y ser consultados desde el ordenador del trabajador, tarea que se puede realizar con cierta rapidez. Sin embargo no se habla de su clasificación, ordenación y evaluación en el interior de los sistemas, justo donde radica el problema.

El documento de archivo y el objeto digital

En este punto hay que poner de manifiesto tres conceptos finales que serán el objeto de explotación de cualquier sistema de gestión documental: el documento de archivo en entornos electrónicos, el expediente electrónico y la configuración del objeto digital.

El paradigma de la preservación de los documentos electrónicos tiene como objeto de estudio el documento como entidad individual y el documento como entidad en relación con su entorno, con el fin de garantizar su conservación a largo plazo.

Los documentos son administrativos por su capacidad operativa e instrumental. Pueden ser analizados de forma individualizada desde la óptica de la diplomática. Estos documentos, además, son documentos de archivo en base a su relación con otros documentos. La archivística estudia los documentos y todas las relaciones establecidas con otros documentos producidos por una persona física o jurídica. Esta ciencia describe los documentos de archivo como los documentos producidos como instrumento y residuo de su actividad práctica o recibidos por una persona física o jurídica como instrumento y residuo de su actividad práctica, es decir, recoge la capacidad instrumental del documento y lo destaca con vistas a su gestión y preservación. El documento de archivo también puede ser un documento electrónico dado que ni el soporte ni sus características físicas varían su naturaleza. Sin embargo, su soporte y sus características físicas sí varían la manera como éste se tendrá que preservar. Por eso hablamos de documento electrónico de archivo: porque necesita unas atenciones de preservación en algunos casos inéditas en el mundo analógico.

La agregación de estos documentos a expedientes después del desarrollo de un procedimiento administrativo es algo que debe tenerse en cuenta. Con el fin de no romper los vínculos archivísticos existentes entre documentos, la tecnología actual permite generar objetos digitales que agrupan toda la información relacionada con el contexto, el contenido y la estructura del documento electrónico y el propio documento electrónico. Este encapsulamiento tiene por objetivo su preservación a largo plazo. Según el *Data Dictionary for Preservation Metada: Premis 2.0.*, el objeto digital es la unidad de información mínima en formato digital que se preservará. Henry M. Gladney (2007) ha bautizado este objeto digital como TDO, es decir, *trustworthy digital object*. Gladney trata de hacer hincapié en que lo que se está generando es un objeto que tiene que presentar las mismas garantías de autenticidad y fiabilidad que el documento que lleva encapsulado. De igual manera que un procedimiento administrativo dota de fiabilidad el documento que genera, un procedimiento técnico como la generación de objetos digitales también tiene que ser de confianza. Un tercer procedimiento, el de convertir el objeto digital en un objeto digital de conservación también tendrá que garantizar la fiabilidad y la autenticidad de su producto final.

Si la tecnología de encapsulamiento es la digital ¿por qué seguimos hablando de preservación de documentos electrónicos y no digitales? La actual tecnología lo que hace es codificar los productos de información en unos y ceros. Si en un futuro una nueva tecnología varía la manera de codificar los productos de información, entonces la preservación digital tendrá que cambiar de nombre. En cambio el concepto de documento electrónico no, dado que es aquel que necesitará siempre ser leído e interpretado por una máquina asociada a flujos de electricidad. La preservación de documentos electrónico no sólo está sometida a la preservación de su tecnología, sino a la de muchos otros elementos que van íntimamente asociados a su configuración intelectual. Como ya se ha dicho, todos los documentos digitales son electrónicos, pero no todos los electrónicos son digitales (un vídeo o una película pueden tener formatos no digitales). En el presente trabajo abordaremos con más intensidad la preservación de documentos digitales, dado que es la tecnología más utilizada en la generación de documentos administrativos y en su firma.

Los puntos clave del paradigma de la preservación de documentos electrónicos son los siguientes:

- La preservación de la certeza, la precisión y la compleción de los documentos electrónicos de archivo.
- La preservación de los documentos electrónicos de archivo.
- La preservación de las relaciones de los documentos electrónicos de archivo con otros documentos de archivo que configuran normalmente expedientes electrónicos.
- La preservación de los objetos digitales generados para preservar las características fundamentales de

los documentos electrónicos de archivo y de los expedientes electrónicos.

¿QUÉ QUIERE DECIR PRESERVAR?

A pesar de parecer sinónimas, las acciones de preservar y conservar representan dos momentos diferentes de un mismo proceso. Preservar es la acción de proteger anticipadamente alguna cosa de un daño posible o de cualquier hecho no deseado. Conservar es la acción de cuidar de una cosa favoreciendo su permanencia e impidiendo su alteración o destrucción.

Preservar implica la aplicación de acciones preventivas, como, por ejemplo, preservar todos los elementos que garantizan el conferimiento de los valores y cualidades en cualquier documento electrónico, como la certeza, la autenticidad o la identidad. Conservar implica la aplicación de medidas para garantizar la larga permanencia de la integridad de los soportes, de los formatos y de todos aquellos elementos físicos que soportan los documentos y, por lo tanto, también de los valores esenciales de los documentos electrónicos.

La investigación actual se orienta hacia la definición de un único proceso que implique una gestión integral, que no desvincule la preservación y conservación de los pasos iniciales de la creación documental. Se trata de que la preservación empiece desde el registro general de entrada y no sólo desde el momento en que el documento entra en su fase semiactiva. Este extremo es el que la administración electrónica no acaba de asumir como propio.

¿Por qué se tienen que preservar los documentos electrónicos?

La necesidad de preservación se fundamenta en que la condición humana aprende del pasado y, para saber del pasado, se depende de la preservación del conocimiento generado entonces. Este aprendizaje, sin embargo, no se desvincula en ningún caso del utilitarismo y del pragmatismo. Como ha constatado Ross Harvey (2005), en la actualidad este axioma convive (¿forzosamente?) en el interior de la llamada "economía del conocimiento" (último desarrollo teórico derivado de los conceptos "sociedad de la información" y "sociedad del conocimiento"). Ésta se fundamenta en el uso del conocimiento para la mejora de las actividades económicas. La preservación electrónica de la información permite su uso a la hora de hacer negocios. La información ha entrado en el mercado, pero no los documentos administrativos. Básicamente porque no son un producto de información que se pueda regular por el mercado, sino un bien público que protege los derechos de los ciudadanos: es un servicio. Es obvio que de eso no se puede hacer negocio. Sí, en cambio, ofreciendo productos que garanticen su buena y óptima gestión.

La preservación y conservación de los documentos administrativos y, por lo tanto, de los documentos de archivo es una obligación jurídica, legal y administrativa, pero también un ejercicio de ética, transparencia y responsabilidad democrática. El cuidado de los documentos electrónicos, tal como todavía sucede con los documentos en papel, permite garantizar esta responsabilidad democrática, ahora y para siempre.

El NSF-DELOS Working Group (2003) sugirió cinco condiciones suficientes a efectos de poder proveer beneficio social con el cuidado de los documentos electrónicos. Éstos procurarán un beneficio social en el caso de que:

- los productos de información vulnerables, sensibles y sujetos a riesgos se puedan preservar y proteger;
- la preservación asegure la accesibilidad a estos objetos a largo plazo por parte de los investigadores y del público en general;
- la preservación fomente la responsabilidad de los gobiernos y las organizaciones;
- exista una ventaja económica y social en la reutilización de la información;

- exista un requerimiento legal para mantenerlos.

¿Cuánto tiempo los tenemos que preservar?

Los documentos administrativos están sometidos a una legalidad que acostumbra a dictar los tiempos necesarios para realizar un procedimiento administrativo que genere documentos que produzcan efectos. Judicialmente existen otros plazos y la legalidad de cada ente, organización, gobierno, región o país definirá sus propios tiempos. Podemos sintetizar, a efectos de preservación, tres momentos: preservar a corto, a medio o a largo plazo.

Preservar a corto plazo implica que el acceso a los documentos se mantiene hasta que los cambios tecnológicos los hacen menos accesibles o inaccesibles totalmente. Se contempla este plazo cuando el acceso a los documentos tiene que ser posible durante un periodo relativamente corto.

La preservación a medio plazo implica el acceso continuado a los documentos por un periodo temporal definido, que a la vez es capaz de superar los cambios tecnológicos.

La preservación a largo plazo implica la provisión de acceso indefinido a los documentos o, como mínimo, al contenido de éstos. En el caso de los documentos electrónicos de archivo el acceso al contenido es sólo una de las partes que deben tenerse en cuenta en su preservación a largo plazo. La preservación de la información relativa al contexto de creación y a la estructura del propio documento así como a la del entorno de creación también es necesaria a largo plazo, dado que explica, complementa y dota de valor al documento.

¿Quién tiene la responsabilidad de la preservación?

No sólo los centros tradicionalmente dedicados a la preservación, como son bibliotecas y archivos, tienen responsabilidad. Estos centros tienen por objetivo documentar e informar la actividad humana y hacerla accesible a las futuras generaciones.

En la actualidad la responsabilidad la tienen que asumir muchos otros agentes. Según Ross Harvey (2005), hay dos focos iniciales de responsabilidad:

- Los productores, proveedores y propietarios tienen la responsabilidad inicial del archivo de sus objetos digitales y, por lo tanto, tienen que asumir su preservación a largo plazo.
- Allí donde los mecanismos de preservación fallen, los responsables de los archivos digitales tienen el derecho y el deber de preservar estos objetos.

El archivo digital, tal como veremos más adelante, puede ser entendido como entidad o como simple repositorio.

En ambos casos el responsable final es el propietario de la información, de la documentación preservada y del archivo digital.

La responsabilidad última no esquiva las responsabilidades que existen durante la generación, la gestión y el uso de la documentación administrativa. Todo departamento, unidad o área es responsable de una buena generación, una correcta gestión y un uso justo y pertinente.

También son responsables los gestores de los servicios informáticos de las organizaciones. A ellos se les debe exigir preparación adecuada, conocimientos precisos, capacidad de adaptación a los cambios y agilidad metodológica. En un mundo de constantes cambios, su pericia es principal.

Responsabilidad, y mucha, tienen los altos directivos que gobiernan estos servicios y los gestores finales de las administraciones públicas. A éstos se les debe exigir transparencia y comportamientos democráticos, que por encima de todo garanticen al ciudadano que sus derechos serán preservados con la máxima seguridad.

Si la administración electrónica orienta sus esfuerzos para el beneficio del ciudadano (¿acaso una administración debe orientarlos hacia otro lado?), entonces la buena gestión de la documentación administrativa, como garante de los derechos de los ciudadanos, es un producto que debe potenciarse y preservarse, como se hace con los materiales museológicos, los edificios municipales o los residuos reciclables.

En este sentido, los principios planteados por A. J. Gilliland-Swetland (2000) basados en el paradigma archivístico, pueden ser tenidos en cuenta a la hora de orientar la preservación de los documentos electrónicos y la identificación precisa de los responsables de ésta. Así, sería conveniente:

- Trabajar conjuntamente con los gestores de datos, de información y de documentos con el fin de identificar los requerimientos más adecuados para una buena gestión de la información a largo plazo.
- Identificar los roles y las responsabilidades de aquellos que crean, gestionan, proveen acceso y preservan los datos, la información y los documentos.
- Asegurar la creación y la preservación de documentos fidedignos y auténticos.
- Comprender que la información puede ser dinámica en términos de forma, acumulación, atribución de valores y uso primario y secundario. Es decir, que el

agotamiento de su utilidad principal no implica que pierda totalmente su utilidad.

- Identificar la evidencia en los documentos y dirigir las necesidades evidenciales de los documentos y sus usuarios mediante la evaluación archivística, la descripción y las acciones preventivas.

También es importante no eximir de responsabilidades a las empresas que comercializan productos de preservación digital y generan nuevos equipos y programas informáticos. De ellos depende que el riesgo de pérdida pueda ser más o menos elevado. Así, si estas empresas sólo ofrecen al mercado la posibilidad de generar documentos en formatos propietarios y no abiertos, se limitan las posibilidades de preservación de la integridad de estos documentos. De la empresa privada dependen muchos del productos utilizados en las administraciones, aunque últimamente algunas de ellas haya apostado (de forma poco decidida, todo sea dicho) por los formatos no propietarios y abiertos, menos costosos económicamente y de más fácil acceso y distribución.

EL DOCUMENTO ELECTRÓNICO DE ARCHIVO

La diplomática es la disciplina que tiene por objeto el documento en sí mismo. La archivística, en cambio, tiene por objeto el documento como parte de un conjunto agregado de documentos fruto de un procedimiento ejecutado por un productor. Sin embargo la archivística acepta el valor de describir un documento o, lo que es lo mismo, una unidad documental simple, de forma individualizada, mediante la definición de sus componentes suficientes y necesarios que permiten que se pueda reconocer, capturar y gestionar mediante un sistema adecuado.

Los componentes necesarios y suficientes para conformar un documento electrónico de archivo han sido definidos por los proyectos InterPARES 1 y 2, coordinados por Luciana Duranti, Terry Eastwood y Heather MacNeil (2002). Estos son: un soporte, un contenido, una forma física, una forma intelectual, unas personas, una acción, un contexto y un vínculo archivístico. Todos estos componentes, convenientemente identificados, permitirán entender el documento en su individualidad y en su interacción con los demás documentos de un mismo productor.

El soporte

Es el transportador físico del documento. A diferencia de los entornos analógicos, en el ámbito electrónico el soporte tiene la única función de proporcionar un espacio de grabación a los documentos electrónicos. Con anterioridad al mundo electrónico, el soporte podía conferir información adicional al documento que transportaba: podía dar información sobre la procedencia del documento o sobre su mayor o menor importancia, por ejemplo. Además éstos no podían ser reutilizados, a no ser que dejaran algún tipo de rastro sobre ellos. En el mundo electrónico algunos soportes pueden ser reutilizados y borrado su contenido sin dejar ningún tipo de rastro. La reutilización, en cualquier caso, hace perder calidad al propio soporte.

En el ámbito electrónico los soportes son inestables, por sí solos tan sólo aportan información sobre el propio soporte, pero no del contenido del documento. El soporte se puede separar físicamente del mensaje transmitido sin alterar ninguno de los componentes del propio documento. Eso no deja de ser una ventaja, dado que la mayoría de los soportes magnéticos y ópticos tiene una longevidad reducida.

Los documentos pueden soportar la degradación de los soportes e irse migrando a nuevos soportes. Eso obliga a ser constante y eficiente en esta migración, a parametrizarla y a no desatender esfuerzos ni mecanismos.

En realidad es más peligrosa la obsolescencia de la tecnología necesaria para representar los documentos que la degradación del propio soporte. Todo el mundo tiene en la mente los disquetes de 5' 1/4, incluso los de 3'5', conservados en sus cajas de archivo, pero sin disponer de un ordenador que lea estos antiguos soportes. El soporte puede estar todavía en condiciones de ser leído, pero no existe tecnología adaptada a su lectura. Lo mismo sucede con los soportes ópticos como el CD y el DVD.

El documento electrónico se tiene que poder guardar en un soporte tanto si se genera como si se recibe. Por lo tanto en el momento de la transmisión el documento pasa de un soporte a otro que no necesariamente tiene que ser de las mismas características físicas. A pesar de eso, siempre tiene que poder soportar el formato del documento transmitido.

El contenido

Es el mensaje textual, simbólico y/o visual que se supone que el documento quiere transmitir. Con el fin de que el documento exista de forma definida e identificable el contenido tiene que ser fijo y estable. A diferencia de los entornos tradicionales donde contenido, soporte y forma conformaban una entidad única en la que cada elemento era fundamental, en ambiente electrónico los tres elementos pueden convivir de forma separada. Las partes de este contenido pueden dividirse en diferentes áreas en el interior de la memoria digital, incluso en diferentes aplicaciones y bases de datos.

Los requisitos básicos para que el contenido exista van asociados a los conceptos de transmisión y comunicación. Conviene que en cada documento exista un destinatario. Su existencia presupone la intención de transmitir y, por lo tanto, tiene que nacer con la capacidad para ser transmitido. Una transmisión exitosa, sin embargo, no es necesaria para la existencia del documento ya que a pesar de fallar por algún error o problema de red el documento preparado para enviar continúa completo y estable. En cambio sí es necesaria para el documento que se ha recibido después de la transmisión. La constatación de un error de transmisión constituye evidencia, pero por sí sola sólo implica que la acción de transmisión ha tenido lugar, además no es suficiente a efectos de compleción y de consecución de los efectos deseados. Es importante tener en cuenta los factores que en el interior de una red favorecen la transmisión de documentos y el éxito de ésta a efectos de constatar acciones y determinar en qué momento de la comunicación los efectos que emanan del documento pueden ser ejecutables o no.

Un par de requisitos más que deben tenerse en cuenta son el de la legibilidad del documento transmitido y el de la inteligibilidad. Un documento legible por cualquier máquina que lo tenga que leer, e inteligible al ojo humano.

En resumidas cuentas, en el caso del transmisor los requisitos necesarios del documento son la intención de ser transmitido, la capacidad para ser transmitido, la legibilidad y la inteligibilidad. En el segundo caso los elementos necesarios son la transmisión correcta, la legibilidad y la inteligibilidad por parte del receptor. Estos dos requisitos se fundamentan en una forma consensuada entre las partes que permite la representación del mensaje y el éxito de la comunicación. La forma consensuada se puede dividir en forma física y forma intelectual.

La forma física

Se configura con aquellos atributos que determinan el diseño externo del documento. Estos componentes son la escritura, el tipo de fuente utilizado, el formato, los colores, el lenguaje, los signos especiales, los sellos, etc. En los documentos electrónicos también hace falta incluir la configuración y la arquitectura del sistema operativo, la arquitectura del documento electrónico, el programa informático, todas aquellas partes del marco tecnológico que determinan cuál tiene que ser el aspecto del documento y cómo será accesible y representado, además de las firmas digitales y los sellos de tiempo.

En los sistemas electrónicos la mayor parte de estos componentes permanecen invisibles al usuario, aunque son fáciles de identificar. Algunos de estos elementos son comunes a algunas tipologías de documentos, y pueden servir para identificarlos. Por ejemplo las cabeceras de algunos mensajes electrónicos corporativos o la disposición de una línea que separa el texto de los mensajes electrónicos y los documentos añadidos.

La forma física es significativa. En primer lugar, cualquier cambio en su configuración en realidad está conformando un documento nuevo; así cuando un programa informático se convierte en obsoleto y se migra la documentación a una nueva aplicación, algunas de las partes de la forma física quedan alteradas. Un ejemplo conocido es el intento de abrir documentos en formatos antiguos de Word Office, y encontrarse el documento con el tipo de fuente cambiado o con los márgenes diferentes. Esta problemática se convierte en más sensible cuando la organización ha trabajado con modelos documentales que con el cambio de software pueden alterar su configuración inicial y quedar desconfigurados.

Cualquier reproducción o copia como puede ser una copia en formato fotográfico digital, una microfilmación, el cambio de una cadena de bits de una cinta magnética a otra implica, por pequeña que sea, una modificación de la forma física originaria del documento objeto de la transmisión. Se están generando documentos distintos que sufren, a la vez, una adición y una pérdida de información. Después de cualquier migración se puede tener la sensación de que el nuevo documento tiene una similitud alta o baja con el documento original, incluso pueden parecer idénticos, pero el documento es diferente. Además, en la mayoría de los casos, no queda ningún rastro de los cambios o alteraciones producidos. Un proceso de digitalización de documentos en papel, genera copias con una forma física totalmente diferente en formato digital. Estos nuevos documentos por sí solos pueden ser copias o presuntas copias si no se ve el original. La clave para resolver la inseguridad que produce el no saber si la copia que se está consultando es óptima para iniciar un procedimiento administrativo o producir efectos legales es disponer de algún elemento que permita constatar que el nuevo documento en copia es efectivamente copia del original. En este sentido la administración electrónica ha emulado el antiguo método de la compulsa para autenticar la copia digital. Se habla de compulsa electrónica.

La forma física ha perdido la fuerza probatoria que había tenido en ambientes tradicionales. La capacidad de los programas informáticos para ofrecer formas diferentes y cada vez más creativas ha hecho que haya perdido parte de sus valores iniciales. Los valores, en todo caso, se han transformado. La forma puede dar pistas de la tecnología utilizada, por ejemplo. Algunos defectos de forma o algunas desconfiguraciones pueden demostrar el origen o el entorno de creación de un documento. Eso hace que no se pueda afianzar la fiabilidad o la autenticidad de un documento a su forma física, porque ésta no es estable.

Los documentos firmados o compulsados digitalmente, o que han recibido un sello de tiempo, hoy por hoy pueden parecer estables porque se trata de una tecnología actual y aprobada, pero no sabemos qué puede pasar en un futuro. La estabilidad a largo plazo no está probada, por lo tanto su autenticidad e integridad tampoco están garantizadas. Por eso hay detractores de la aplicación de firmas digitales: es positiva para la autenticación de los documentos y para determinar el estado de transmisión en que se encuentran, pero es negativa porque no asegura la permanencia a largo plazo sin estar sometida a los cambios de la tecnología.

La forma intelectual

Es la suma de todos aquellos atributos que representan la acción que ha desencadenado la creación del documento y su contexto documental y administrativo. Esta forma comprende tres partes: la configuración del contenido, la articulación del contenido y las anotaciones.

La configuración del contenido es la manera como se representa el mensaje, a través de un texto, un gráfico, una imagen o sonido, o la combinación de algunos de estos elementos.

La articulación del contenido incluye los elementos del discurso, la fecha, el destinatario, el saludo y su disposición en el documento.

Las anotaciones son los añadidos asociados al documento después de su compilación. Algunos ejemplos son el código de clasificación o la codificación de personas que han participado en la toma de decisión, el número de registro, etc. Muchos de estos elementos a menudo no aparecen en la representación del documento pero existen como metadato descriptivo. Eso ocurre cuando este documento es un objeto digital. Los metadatos descriptivos tienen que configurar lo que se llama perfil del documento. Una cosa es el documento propiamente dicho, la otra toda aquella información que lo explica más allá de la información contenida que afecta exclusivamente a la acción jurídica pertinente.

El perfil del documento es una forma electrónica de representar todos los atributos del documento, que le confieren los elementos básicos para ser considerado estable, íntegro, auténtico y fiable. Tiene que permitir presentar el documento de forma individual y en relación con los demás documentos que lo explican administrativa y archivísticamente y que, por ejemplo, forman parte del mismo expediente. Este perfil sitúa el documento en el interior de un contexto documental, relativo al procedimiento y a la procedencia que lo explican completamente.

El perfil documental no es un repositorio de anotaciones sino una anotación en sí misma, que tiene que quedar de forma inseparable asociada al documento para siempre. Eso permitirá que el documento tenga los elementos esenciales que permitirán garantizar su fiabilidad ya que pueden demostrar su compleción y formar parte del sistema de control que lo tiene que supervisar. Además también aportará elementos que garantizan la autenticidad del documento porque hay atributos que dan información sobre el estado de su transmisión.

El proyecto InterPARES ha formulado una lista de los atributos necesarios para configurar el perfil del documento:

Número de registro de entrada: el número consecutivo que se asigna al documento que entra en la organización.

Fecha de captura/creación: la fecha en que el documento es creado (en el interior de la organización) o es recibido (desde otra organización; se entiende que hay una fecha adicional en este documento que es la de creación por parte del productor gestionada por éste). Los documentos creados en el interior de la organización y no registrados, ya que forman parte de algún procedimiento en el que este documento no saldrá al exterior, necesitan obligatoriamente esta fecha en el momento de creación. En el momento en que el documento se convierte en definitivo y completo, pasa a recibir otra fecha llamada de archivo.

Tiempo de la captura: hay que consignar la hora, minuto y segundo de creación o captura del documento.

Fecha de la transmisión: es la fecha en que el documento deja el espacio de creación y se transmite por un canal a un espacio de captura. Estos espacios pueden ser diferenciados en el interior de una misma organización: del espacio de registro al espacio de la gestión de expedientes, por ejemplo. Pero también pueden ser externos a la organización.

Tiempo de la transmisión: conviene consignar la hora, minuto y segundo de esta transmisión entre dos espacios de una misma organización o de otra externa.

Fecha del documento: es la fecha asignada al documento por su autor. No tiene por qué coincidir con la fecha de creación del documento. Es necesaria la fecha tópica, es decir, el nombre del lugar y organización en que se ha generado el documento.

Fecha de archivo: no es la fecha asignada a un documento por un departamento, unidad u oficina en el momento de su creación sino en el momento en que éste pasa a formar parte del espacio general del sistema electrónico donde trabaja la organización. Esta fecha se asigna al documento completo a todos los efectos, no al borrador.

Número de registro de salida: es el número consecutivo que se asigna al documento que sale de la organización.

Nombre del originador: es el nombre de la persona jurídica o física desde cuya dirección se ha enviado el documento.

Dirección del originador: es la dirección de la persona jurídica o física que ha enviado el documento.

Nombre del autor: el nombre de la persona competente para emitir el documento o en cuyo nombre o por orden de la cual el documento se emite.

Dirección del autor: la dirección de la persona competente para emitir el documento o en cuyo nombre o por orden de la cual el documento se emite.

Nombre del redactor: el nombre de la persona competente para la articulación del contenido del documento.

Dirección del redactor: la dirección de la persona competente para la articulación del contenido del documento.

Acción o hecho desencadenante: el acto o hecho que desencadena la necesidad de documentarlo mediante un documento.

Número de anexos: el número de ítems que se añaden de forma inseparable a un documento antes de transmitirlo a efectos de cumplir su propósito.

Soporte: el transportador físico en el que el documento se registra o se almacena.

Departamento, unidad u oficina de gestión: el nombre de la entidad que ha tratado el acto o el hecho que necesita ser documentado.

Acción realizada: la resolución del acto o del hecho que ha desencadenado el procedimiento; en el caso de algunos documentos recibidos, la resolución del acto o del hecho probablemente es la propia transmisión del documento.

Nombre del destinatario: el nombre de la persona a quien el documento va dirigido o para quien el documento se ha realizado.

Dirección del destinatario: la dirección de la persona a quien el documento va dirigido o para quien el documento se ha realizado.

Nombre del receptor: el nombre de la persona que recibe el documento final o una copia del documento realizado a efectos informativos.

Dirección del receptor: la dirección de la persona que recibe el documento final o una copia del documento realizado a efectos informativos.

Código de clasificación: el componente del cuadro de clasificación que corresponde al código de la serie a la cual el documento pertenece.

Identificador del expediente: el componente del código de clasificación que corresponde al identificador del expediente al que el documento pertenece. Puede consistir en el nombre de la persona o la organización, un símbolo, un número progresivo, una fecha o un elemento específico relativo a su serie.

Identificador del documento en el interior del expediente: el componente del código de clasificación que corresponde al número progresivo del documento en el interior del expediente, y en ausencia de expediente, a la serie pertinente.

Modo de transmisión: el método utilizado para la comunicación del documento a través del tiempo y/o del espacio.

Estado de transmisión: si es borrador, original o copia. En el caso del primero también se añadirá el número asignado de versión a los documentos que preceden al documento de archivo; el borrador puede ser archivado en ausencia de un original o como documento instrumental. Con respecto a la copia convendrá identificar de qué original proviene. El original es el documento primero, completo y capacitado para producir efectos.

Corroboración: indicación del método de seguridad aplicado, por ejemplo una firma electrónica, un sello de tiempo, una marca de agua, una simple validación, etc.

La lista de atributos no es cerrada ni es preceptiva. Orienta en línea de mínimos cuál tendría que ser la información que habría que asociar a cualquier documento. Experiencias próximas como los recientes *Vocabularis de metadades* (2008) del proyecto iARXIU de la Generalitat de Catalunya añaden sugerentes metadatos como son: la tipología documental o la referencia al nivel de atención que merece el documento en función de la Ley Orgánica de Protección de Datos, entre otros.

Entre todos los atributos de la lista del proyecto InterPARES se consideran atributos adicionales y no siempre necesarios (en función del tipo de documento, sobre todo si no se tiene que transmitir) el número de registro de entrada, la fecha de captura, el tiempo de la captura, el tiempo de la transmisión, el número de registro de salida, el nombre del originador, la dirección del originador, el número de añadidos, el nombre del receptor, la dirección del receptor y el número de borrador.

Dependiendo de la aplicación informática la acción de rellenar estos atributos puede ser más o menos automatizada, la puede realizar el autor, el redactor o algún trabajador de la unidad administrativa responsable.

Con el fin de facilitar un acceso intelectual a estos documentos, se sugiere:

- la indexación de todos los elementos que forman parte del perfil,
- la provisión de herramientas de búsqueda a todas las áreas conectadas al espacio general,
- la capacidad de poder buscar documentos por código de clasificación y palabras claves,
- el desarrollo de un tesauro de palabras clave que esté conectado con el cuadro de clasificación a efectos de búsqueda por descriptores.

Las personas

Son la parte más importante de los componentes de un documento electrónico. Las personas pueden ser físicas o jurídicas, y se pueden diferenciar en cinco perfiles diferentes, imprescindibles todos ellos con el fin de conferir responsabilidad al contenido del documento.

El autor es la persona competente y con autoridad y capacidad para generar el documento, el cual lo realiza él mismo, por orden suya o en su nombre. El autor del documento puede coincidir o no con el autor de la acción jurídica en la que el documento participa.

El destinatario es la persona para quien el documento se ha realizado. Puede coincidir o no con la persona a quien la acción va dirigida o el documento va dirigido.

El redactor es la persona física o jurídica responsable de la forma intelectual del documento. En caso de que en un documento aparezca como autor el simple nombre de una entidad, como por ejemplo una corporación, una organización, un ente o un Estado, el redactor es la persona jurídica que toma la iniciativa y la responsabilidad de la compilación del documento.

El productor del documento es quien genera el fondo documental. Éste que está muy claro en un contexto analógico no lo es tanto en un contexto electrónico. Mientras el documento esté en el interior del sistema de generación el productor estará claro, pero en el momento en que el documento pase a conservarse en un soporte externo diferente, como puede ser un disco óptico, se puede impedir la determinación de quién había sido el productor inicial.

El originador es el propietario de la dirección desde donde se transmite o se recibe un documento. Sobre él recae la responsabilidad de la transmisión. La razón principal para su identificación es porque éste puede ser igual o diferente del autor o del redactor del documento, especialmente cuando éste tiene diferentes autores pero sólo uno de ellos es el responsable de la transmisión.

En el ámbito electrónico la persona que aparece como autor o redactor sólo se puede atestiguar jurídicamente de forma inequívoca con la atestación de una firma electrónica propia de la persona.

La acción

El documento electrónico tiene que incluir la disposición, es decir, la expresión de la voluntad o juicio del autor, ya que ésta es la razón por la que el documento ha sido creado por primera vez. Cada documento debe su existencia al hecho de que ha participado en alguna acción.

Esencialmente hay dos categorías de inicio de la acción:

- la iniciativa pertenece a la persona o personas que la llevan a cabo (por ejemplo, el funcionario que inicia un procedimiento sancionador contra un ciudadano);
- la iniciativa pertenece a otra persona (el ciudadano que solicita algo a una administración).

El contexto

Es el marco jurídico, administrativo, procedimental y documental en el que el documento ha sido creado. No pertenece físicamente al documento, pero lo contextualiza en el interior de la organización. Se diferencian distintos contextos: jurídico-administrativo, de procedencia, procedimental, documental y tecnológico.

El contexto jurídico-administrativo es el sistema legal y organizativo en el que los documentos se generan. El contexto de procedencia es el cuerpo de creación del documento, el que lo manda hacer, su estructura y las funciones que cumple. El contexto procedimental es el proceso administrativo en el curso del cual el documento se ha generado. El contexto documental está constituido por el fondo y la estructura (tecnológica o no) al que pertenece el documento creado.

Se ha hablado de un último contexto que podría ser el tecnológico. De todas maneras, si nos referimos a la tecnología utilizada para generar determinados documentos, queda claro que esta tecnología condiciona la forma del documento y por lo tanto estaríamos hablando de una parte de los componentes del documento y no sólo del contexto. Por otra parte si nos referimos a las características tecnológicas del sistema de gestión de los documentos, entonces nos estaríamos refiriendo al contexto documental.

El vínculo archivístico

En último término, y no de menor importancia, está la constatación de las relaciones existentes entre un documento y los demás generados en un entorno o en un procedimiento administrativo. El vínculo archivístico forma parte del documento y no es un componente externo como el contexto. En él podemos encontrar la relación causa-efecto, la expresión más primaria del desarrollo de la actividad y el cumplimiento de la acción que ha motivado cada uno de los documentos. Es, pues, el elemento más determinante a la hora de comprender el documento. La aparición del vínculo determina también el momento de creación del documento.

En ambiente electrónico, este vínculo sólo se podrá expresar a partir de la asignación de un código de clasificación que conecte el documento con los otros relacionados con la misma serie. Como hemos visto la asignación del código de clasificación es una anotación que formará parte del perfil del documento. De la misma manera, todas aquellas anotaciones que sirvan para vincular el documento con los otros de un mismo expediente también servirán para determinar este vínculo archivístico.

VALORES ESENCIALES QUE DEBEN PRESERVARSE

Los valores esenciales que permiten asegurar la certeza, compleción y precisión de los documentos electrónicos de archivo son la fiabilidad, la autenticidad, la integridad, la identidad y la capacidad de uso a lo largo del tiempo. Estos valores son los que emanan de la correcta preservación y conservación de los componentes descritos en el apartado anterior.

La fiabilidad

La fiabilidad o credibilidad de un documento depende de su grado de compleción, del grado de control en su procedimiento de creación y de la credibilidad de su autor.

El grado de compleción de un documento se puede medir a partir de su perfil documental. Un documento es completo cuando su configuración permite producir el efecto jurídico y legal deseado. Por lo tanto, se reclama la compleción del documento y de su perfil.

El control del procedimiento de creación se lleva a cabo mediante:

- El control de las redes de comunicación de la organización.
- El control del sistema de gestión de los documentos electrónicos.
- El control del programa informático utilizado en la identificación de los usuarios del sistema y de sus privilegios individuales en función de su competencia administrativa en el interior de la organización.

En este sentido conviene determinar en el interior de las redes de comunicación, a efectos de control, los límites de tres espacios de trabajo: el espacio general, el espacio grupal y el espacio individual.

El espacio general es la parte del sistema que es accesible a todos los miembros de la organización, gestionado de acuerdo con unas normas establecidas de generación de documentos y expedientes, y que contiene el sistema central de archivo de la organización. La característica básica del espacio general es que ningún documento que haya traspasado sus límites puede ser posteriormente manipulado. Se convierte en esencial diferenciar dos entornos del contexto de creación de documentos electrónicos, que permiten garantizar la fiabilidad del documento generado:

- Los procedimientos automatizados o el *workflow*: propio del sistema de creación documental elaborado por la organización, es el más fácil de controlar. Tiene que ser consensuado por la organización con el fin de garantizar la fiabilidad de sus productos.
- Los procedimientos no automatizados exteriores al sistema de gestión de la información: es habitual la existencia de espacios de creación documental fuera del sistema general. Nacen por la necesidad departamental de resolver asuntos puntuales o generales propios del departamento. Raramente son de utilidad general. Eso no quiere decir que no sean consensuados por la organización.

El espacio grupal es la parte del sistema que es accesible a todas las personas que comparten una competencia parecida. Este es el sistema que contiene más versiones en forma de borrador de un mismo documento, comentarios, anotaciones, documentos de trabajo, documentos informativos y/o de apoyo.

El espacio individual es la parte del sistema que es accesible sólo por parte del individuo. Este espacio individual hay que diferenciarlo de un espacio personal, espacio privado del individuo al que no pueden acceder los responsables de los servicios informáticos a efectos de control.

A efectos de control también conviene determinar un sistema de seguridad de acceso, como cartas magnéticas, privilegios, contraseñas, controles de voz, biometría, etc.

Como se ha dicho, el perfil del documento puede ser utilizado como instrumento primario para determinar la fiabilidad del documento. Un instrumento complementario de este perfil son los metadatos relativos al uso que se ha hecho de los documentos en el interior del sistema, que suelen generarse de forma automática y se preservan en el interior del sistema.

La credibilidad en el autor también es un factor que debe preservarse. En un ambiente tradicional el elemento que identifica al autor es la firma como parte final del procedimiento. En ambiente electrónico, los elementos procedimentales que la garantizan se expresan en el control de acceso de los usuarios, es decir, en la limitación e identificación de las personas que tienen acceso al sistema, que pueden leerlo, interactuar en él, la manera en que pueden hacerlo, etc. La realización de un *audit trail* tiene que ser posible. Se considera que el control de acceso tiene que ser un elemento integral de cualquier sistema desde el inicio de su funcionamiento.

La autenticidad

Es el valor que certifica que el documento es aquello que dice ser. La autenticidad viene conferida al documento por el modo, la forma y el estado de transmisión, y por la manera como éste se ha preservado y custodiado. En los sistemas electrónicos, así como en los sistemas tradicionales, la autenticidad se asegura mediante el respeto a procedimientos administrativos, dificultando la reproducción de instrumentos técnicos e instalando sistemas de seguridad.

El modo de transmisión es el método seguro mediante el cual el documento se comunica a través del espacio y del tiempo. Esta seguridad se alcanza:

- mediante la articulación de métodos de transmisión y recepción desde un espacio a otro de forma automática o manual;
- con la inclusión en el sistema de un *audit trail* capacitado para determinar la trazabilidad de cada transmisión (fecha, tiempo, personas y sujeto).

La forma de transmisión es la forma que tiene el documento cuando se ha generado o recibido. Tradicionalmente la autenticidad residía en las características que la diplomática denomina extrínsecas e intrínsecas. En un entorno electrónico cada documento generado tiene que disponer de un perfil de documento, que engloba estas características. Para garantizar la autenticidad los elementos mínimos de información del perfil, que hemos analizado anteriormente, son: la fecha, el tiempo, el autor, el destinatario, la acción, el código de clasificación, el número de registro, y la corroboración. Cada documento, para ser transmitido de forma segura, tiene que estar protegido por un sello de tiempo o un sello criptográfico, por ejemplo.

El estado de transmisión es la fase de compleción que tiene cada documento a efectos de ser transmitido. Los tres estados principales de compleción de un documento son el borrador, el original y la copia.

La mayor parte de los documentos que se mueven en el interior del espacio de trabajo individual y/o grupal son borradores. Para identificarlos, cada borrador tiene que tener asociado un perfil de documento en el que se indica fecha, tiempo, autor, número de versión y cada dato relevante, como pueden ser los nombres de las personas consultadas sobre su contenido fuera del espacio de trabajo. El borrador es siempre un documento incompleto, y por lo tanto no produce efectos.

El documento original es el documento primero, completo y efectivo. Primero, porque no hay antecedentes que produzcan los mismos efectos; completo, porque sin la compleción no produciría efectos; efectivo, porque está en disposición de producir efectos.

La copia tiene que producir los mismos efectos que un original, siempre y cuando sea una copia auténtica, es decir, verificada después de comprobar el original o su existencia. Tanto el original como la copia también tienen que disponer de un perfil documental.

Otros documentos pueden ser comentarios sobre los borradores y se tienen que considerar originales porque cada comentario es un primer documento, completo y efectivo en sí mismo. Eso implica que cada comentario tiene que tener su perfil documental con fecha, tiempo, autor y la referencia del borrador, con inclusión del número de versión.

Una vez el original se ha creado, este se identificará archivísticamente con la inclusión de un código de clasificación en su perfil.

También se puede determinar la autenticidad de un documento en función de la manera como se ha preservado y custodiado. Algunos elementos que permiten esta constatación son, por ejemplo: la anterior y posterior compatibilidad con la tecnología escogida para la preservación de los documentos electrónicos; la rutina establecida de copias en *backup* en el sistema; la rutina establecida por la que las copias máster del documento se preservan en un entorno climática y físicamente seguro, mientras que las otras copias se reservan para el uso y son más fácilmente accesibles a los usuarios; la rutina establecida de autenticación de las copias máster y el sistema de regular recopia y/o migración.

La integridad

La compleción del documento permite la ejecución de efectos jurídicos y legales. Para que el documento sea completo tiene que permanecer intacto y sin indicios de corrupción de ningún tipo. En ambiente electrónico este valor toma una importancia clave. La capacidad de modificación del *bit-stream* del documento es muy fácil, rápida y puede no dejar rastro. Para evitar esta inseguridad los metadatos del documento y su exactitud también son claves. Ya hemos dicho que la compleción del documento y del perfil del documento son básicas para determinar su fiabilidad. Los metadatos tienen que demostrar quién tiene responsabilidades asociadas al documento y cuáles son sus transformaciones tecnológicas (una migración mal dirigida puede afectar de forma decisiva a un documento y alterarlo). La firma electrónica, como sistema que mantiene la integridad del documento, también se ha defendido. Sin embargo, su incapacidad para permanecer a lo largo del tiempo hace que pueda formar parte de la integridad del documento, pero a la vez convenga desintegrarla físicamente a efectos de mantener la perdurabilidad del documento. Eso no quiere decir renunciar a la firma electrónica, porque era necesaria en el documento. A efectos de conservación, sin embargo, se está optando por conservar documento y firma de forma independiente.

La identidad

Se constituye a partir de los atributos de un documento que lo caracterizan de forma única y lo distinguen de los demás documentos. Estos atributos o metadatos incluyen el nombre de las personas que han participado en su creación, las fechas de producción y de transmisión, el objeto jurídico que representa y la expresión de su relación con los demás documentos. Todo a efectos de determinar la responsabilidad de la persona física o jurídica que en cada caso ha participado en las diferentes fases del procedimiento que ha generado el documento y los diferentes momentos en que éste se ha utilizado.

La capacidad de uso y el acceso

La eterna juventud de los documentos es una de las utopías del sistema. Los términos usabilidad o reusabilidad han sido adaptados para definir la perdurabilidad en el tiempo de los elementos que permiten seguir consultando el documento, que mantengan su legibilidad tecnológica y su inteligibilidad para el ojo humano. Cualquier cambio en el entorno tecnológico tendrá que prever que estos tres requisitos se cumplan.

EL EXPEDIENTE ELECTRÓNICO DE ARCHIVO

El vínculo archivístico de un documento se establece en su relación con otros documentos y con el código de clasificación que lo identifica unívocamente en el interior de un sistema de gestión documental. El documento, en función de su naturaleza, puede ser único o puede formar parte de un conjunto de documentos que da lugar al expediente. Así, un expediente, a la luz de la última definición propuesta por Ricardo Rivera Ortega (2007), es el conjunto de documentos ordenados por la administración relativos a un asunto determinado.

La definición de Rivera simplifica la propuesta por la ley 11/2007 de la administración electrónica en su artículo 32, en el que se dice que el expediente electrónico es el conjunto de documentos electrónicos correspondientes a un procedimiento administrativo, "sea cual sea el tipo de información que contengan". Obviamente la última frase es incorrecta dado que cualquier información en el interior de un expediente es pertinente al procedimiento y por lo tanto relacionada absolutamente con el procedimiento. No hay lugar para documentación que no tenga relación.

Desde el punto de vista archivístico existen dos tipologías de agrupaciones documentales: el expediente administrativo y la unidad documental compuesta. Todo expediente administrativo es una unidad documental compuesta, pero no todas las unidades documentales compuestas son expedientes administrativos. En el primer caso la documentación agrupada tiene relación directa con el procedimiento administrativo que lo genera. En el segundo caso no existe un procedimiento administrativo reglado que configure la agregación. Existen también unidades documentales compuestas realizadas en el archivo y que son fruto de la agregación hecha por parte de archiveros en el ejercicio de su profesión. Estas agrupaciones en muchos casos no están reguladas por ninguna legislación y obedecen a principios metodológicos de la disciplina archivística.

El expediente, en ámbito electrónico, tiene las mismas funciones que en los ámbitos tradicionales. Sin embargo ronda un prejuicio en las organizaciones que hace que se vea el expediente electrónico diferente del tradicional: se piensa que las nuevas tecnologías implicarán una automática mejora en el expediente tradicional, y que eso incidirá de forma clara en la eficacia, eficiencia y simplificación de los procedimientos administrativos. En el mejor de los casos, sin embargo, lo que se ha hecho es emular los procedimientos tradicionales mediante su automatización. En algunos otros, lo que se ha hecho es complicar el procedimiento porque se ha querido otorgar parte del trámite electrónico a cada una de las personas que forman parte de un departamento. En otros casos el procedimiento no se ha simplificado sino que se ha duplicado, lo que ha dado lugar a expedientes híbridos. En rigor, un expediente híbrido es aquel que tiene documentos en formatos analógicos y documentos electrónicos. En realidad, algunos de los actuales expedientes híbridos son una copia con documentación de apoyo del expediente electrónico.

Las nuevas tecnologías permiten una automatización racional y simple de los procedimientos administrativos siempre y cuando exista una revisión previa de los procedimientos con esa voluntad. Es cierto que cualquier cambio en un procedimiento, por justo y razonable que sea, puede implicar una reestructuración organizativa. Y eso puede generar conflictos en el interior de las organizaciones. Pero éste es el reto de la administración electrónica.

Un caso parecido de mal uso de las nuevas tecnologías se produce en la recopilación de documentación personal por parte de las oficinas de atención al ciudadano, con el fin de motivar la resolución de un procedimiento administrativo. En algunos casos se ha propuesto la digitalización de esta documentación con el fin de disponerla en el interior del expediente electrónico de la organización. La simple comprobación de la autenticidad de los documentos aportados antes del procedimiento mecánico por parte del funcionario de digitalizarlos hace que el tiempo de atención al ciudadano se duplique. Este caso es especialmente sangrante porque se produce al inicio de muchos procedimientos iniciados a instancia del ciudadano, en el registro de entrada.

Por estos motivos entendemos que es operativo y permite evidentes mejoras a cualquier organización la realización de un catálogo de procedimientos, y que éstos estén asociados a un código de clasificación que los relacione con sus series en un cuadro de clasificación corporativo. Este es un buen camino para afrontar con éxito, desde el principio, los retos de la administración electrónica: la simplificación administrativa, la agilidad y eficiencia procedimental, la satisfacción del ciudadano y la preservación segura de sus derechos.

Con respecto a la conservación del expediente electrónico se está optando por su conversión en un objeto digital de preservación, compuesto de los documentos que forman parte (con los respectivos perfiles documentales) y de los metadatos descriptivos referentes al expediente configurando un perfil de expediente. Todo generará un objeto digital preservable a corto, medio o largo plazo.

Este perfil de expediente se tendrá que configurar a partir de los siguientes atributos:

Identificador del expediente: el componente del código de clasificación que corresponde a la identificación unívoca del expediente. Este puede estar constituido por el nombre de una persona o de una organización, por un símbolo, por un número progresivo o una fecha.

Código de clasificación: el componente del código de clasificación que corresponde al código de la serie a la que pertenece el expediente y los documentos que lo integran, y que está contemplado en el cuadro de clasificación.

Fecha de apertura del expediente: la fecha en que el expediente se ha creado.

Fecha de cierre del expediente: la fecha en que el expediente se ha cerrado.

El documento, el expediente y sus respectivos perfiles se encapsularán en el objeto digital a preservar. De forma teórica los metadatos de los perfiles no tendrían que depender de ninguna tecnología en concreto. El desarrollo tecnológico puede dar lugar a objetos no digitales sino configurados con otros lenguajes informáticos. Cualquiera que sea el lenguaje utilizado y cualquiera que sea el formato, la entidad de preservación creada tiene que llevar asociados los atributos que hemos determinado.

LA EVALUACIÓN PARA LA PRESERVACIÓN

No es suficiente con preparar objetos digitales de preservación. Conviene ser inteligentes y distinguir el grano de la paja. Una buena preservación pasa por una previa evaluación de lo que conviene conservar. En este sentido nada varía entre el mundo analógico y el electrónico por dos razones:

- Las funciones de los documentos son las mismas en los dos entornos; no dependen del medio de transmisión.
- Ni el soporte ni el formato son determinantes a la hora de evaluar los valores jurídicos, legales, administrativos o históricos.

En cuanto al soporte y el formato, sí se convierte en determinante su mayor o menor capacidad de resistencia al paso del tiempo, elemento que en ningún caso restará o aumentará el valor intelectual de los documentos. En todo caso la documentación evaluada puede escoger un tipo de soporte y formato concreto a la hora de proceder a su conservación a corto, medio o largo plazo. Sin embargo, eso, insistimos, no varía los valores de los documentos.

Los documentos administrativos disponen de dos valores principales: el valor primario y el valor secundario. El primario es aquel por el cual el documento se ha creado y lo motiva. Este valor persiste mientras el ente productor o su destinatario lo pueden utilizar. El secundario es aquel que viene avalado por el interés de la investigación como práctica científica. Se acostumbra a dar cuando los documentos han perdido el uso para el que los organismos lo han creado y a medida que decrece su valor administrativo, legal o fiscal, inicial.

Valores primarios los hay de diferentes tipos: el administrativo, el legal, el jurídico y el fiscal. Y valores secundarios: el informativo y el histórico.

El valor administrativo

Es el valor que tienen los documentos para administrar y gestionar una acción o un hecho. Por este motivo el documento se llama administrativo. Tal como ha apuntado Luciana Duranti (1997), este valor va asociado también a su capacidad de duración en el presente, a medio plazo y en un futuro. Entre ellos existen diversos niveles que hay que evaluar, así las resoluciones, las órdenes, los reglamentos, las actas de las reuniones, es decir, los documentos producidos por los niveles jerárquicos más altos y utilizados por diferentes unidades de la propia organización disponen de un valor más alto que, pongamos por caso, los documentos instrumentales o de apoyo. Otros documentos con un alto valor administrativo son los financieros y económicos que pueden ser necesarios para auditorías externas y afectan a algunos de los derechos importantes de los ciudadanos. También aquellos documentos relativos a casos que establecen algún tipo de precedente jurídico tienen un alto valor.

Duranti ha propuesto algunos criterios posibles para establecer el valor administrativo de los documentos y su necesidad de duración:

- El nivel jerárquico del departamento, unidad, área o cargo que ha producido el documento hace que los documentos generados tengan más o menos capacidad ejecutiva y más o menos valor.
- La duración legal necesaria de los efectos producidos por los documentos.
- El número de personas físicas o jurídicas que quedan referenciadas en los documentos.
- El número de unidades administrativas que han participado en la resolución del asunto documentado.

- La posibilidad de posteriores acciones jurídicas entre el ente productor y las personas relacionadas con el asunto documentado.
- La necesidad de hacer referencia a los documentos con el fin de tratar asuntos parecidos o conducir acciones sucesivas, de las cuales los documentos son la base.
- La frecuencia de utilización mientras los documentos están en fase activa o semiactiva.
- La frecuencia de utilización constatada después del cierre de documentos parecidos.

Cierta documentación tiene bajo valor administrativo, como por ejemplo aquellos documentos que sabemos que disponen de duplicados en otros sitios, o que por ser copias provienen de un original con más valor. En el ámbito electrónico el uso del criterio de copia y original puede ser irrelevante a efectos de extraer un valor administrativo claro, dado que la mayoría de los documentos electrónicos pueden ser copias.

El valor legal y el valor jurídico

El valor legal es la capacidad de los documentos relativos a asuntos finalizados de ser utilizados como prueba legal de los hechos a que hacen referencia. Este valor no se tiene que confundir con el jurídico que, contrariamente al primero, permanece siempre en el documento y es componente esencial de su naturaleza. El valor legal de los documentos emana del hecho de que son producidos por acciones de naturaleza legal fundamentados en leyes. Documentos administrativos de índole instrumental pueden ser utilizados a efectos judiciales, a pesar de no ser preceptivos en un procedimiento administrativo, como por ejemplo alguna tipología de informes que simplemente apoyan la acción administrativa pero no forman parte.

Normalmente el valor legal perdura paralelamente con el administrativo y con la duración del marco legal que lo ha posibilitado, pero también se puede prolongar después. El valor jurídico, en cambio, perdura para siempre porque forma parte de la naturaleza del documento, y deja evidencia de una acción o hecho de naturaleza jurídica.

El valor fiscal

Es el valor que tienen los documentos que justifican el dinero que una Administración ha recaudado, distribuido, controlado o gastado. Su valor puede perdurar más allá de la acción administrativa que haya requerido de estos tipos de documentos. Así el valor de un presupuesto municipal sobrepasa el límite del procedimiento administrativo que lo formaliza. Este valor es fundamental a efectos de la transparencia económica de la Administración de turno y a efectos de posibles auditorías.

El valor informativo e histórico

Los documentos son información registrada, por lo tanto el valor informativo es inherente a su naturaleza. En el caso de la documentación administrativa hay mucha información relacionada a los asuntos que trata la organización que los ha generado, pero también información relativa a personas, objetos, lugares, fenómenos y acciones jurídicas. La información documentada refleja la manera de hacer de la organización.

El valor informativo no reside sólo en los documentos instrumentales o de apoyo, sino en cualquier tipo de documento administrativo. A la vez, este valor sirve para dejar evidencia de una actividad, para tener memoria de la organización que ha generado los documentos y para, si conviene, historiar cada uno de los aspectos sociales, económicos, tecnológicos y políticos de la interacción entre la organización y sus usuarios. A este efecto la información se carga de la calidad de ser analizada por la ciencia histórica, pero también por otras ciencias. La calidad de la información a efectos de investigación no depende del ciclo de vida de los documentos que la han registrado, sino, en una primera instancia, de la buena generación del documento, y, en segundo lugar, del análisis científico que la utiliza.

Para extraer el valor informativo de la documentación hay que utilizar diferentes parámetros de análisis. Entre ellos la singularidad de la documentación, detectable en aquella información que no puede ser encontrada en ningún otro documento de manera completa. La importancia de la documentación viene determinada por una estimación justa del evaluador, el cual necesita de un amplio conocimiento de las técnicas de investigación y del mundo académico. El testimonio que ofrece la información puede abarcar muchos ámbitos de actuación de la Administración, y eso va a discreción del científico y del objeto de su estudio.

Seleccionar, evaluar y eliminar

En el ámbito electrónico las tres actividades son de extrema necesidad con el fin de no acumular información innecesaria. También lo es en el mundo analógico y sobre todo en aquellas administraciones que todavía documentan muchas de sus acciones con papel. Pero la intangibilidad de la documentación electrónica hace que el alcance del problema se dimensione de otro modo y no se acepte como tal. "¡La memoria es barata!" es una expresión habitual entre los responsables de la gestión de la información. Pasa que con esta expresión se tiende a conservar la totalidad de la documentación electrónica generada, sin ninguna selección ni evaluación archivística que permita su gestión razonada. La idea que debe retenerse es que no hay que guardarlo todo, y, si se tiene que hacer, que como mínimo se haga de forma organizada.

Parece un criterio obvio, pero no se acostumbra a dar. Los elementos claves en este proceso son el perfil del documento, el perfil del expediente y el código de clasificación. Los documentos electrónicos convenientemente descritos pueden ser gestionados a partir de un solo código, que determina el grado de conservabilidad del documento o del expediente que codifica.

Desde hace tiempo que proliferan las herramientas llamadas ILM (*information lifecycle manager*) destinadas a gestionar un paquete de metadatos que permitan una gestión de mínimos de la documentación electrónica. Sus potencialidades se limitan a gestionar metadatos como la fecha de creación, el volumen de espacio que ocupan, el formato en que se ha generado el documento, entre otros. Son útiles para diferenciar grandes bloques documentales de otros y moverlos en el interior de los repositorios con relativo poco esfuerzo. Pero no son la solución para hacer frente a la preservación a largo plazo:

- Porque no prevén una migración a formatos de preservación de los documentos.
- No permiten una evaluación justa de cada documento, porque en realidad no son herramientas de evaluación, sino de mera gestión.
- El propio nombre de la herramienta, gestor del ciclo de vida de la información, demuestra que existe la falsa percepción del fin de la vida del documento.
- No permiten la gestión de la información de las bases de datos corporativas, sólo de aquellos datos que se combinan dando lugar a documentos.

La preservación a largo plazo de los valores pone en cuestión el concepto "ciclo de vida de los documentos". Este es útil para la gestión documental, pero no decisorio para la preservación a largo plazo, en la que algunos valores, legales, jurídicos e históricos principalmente, no se debilitan sino que incluso se refuerzan. Los valores, por lo tanto, se mantienen en función de su uso.

Una particularidad relativa a los valores de los documentos en el ámbito electrónico es la posibilidad de su rápida y múltiple generación. Se empiezan muchos y se dedican muchas horas a borradores que no producen efectos. Estos borradores, distinguidos con un número de versión en el mejor de los casos, pueden pasar a formar parte del *stock* de documentos electrónicos llamados "de trabajo" que llenan los repositorios de las organizaciones. ¿Cuál es el valor que debe otorgarse a los borradores? Un valor evidente es el informativo. ¿Cuáles son los límites en términos de preservación del valor informativo de estos borradores? El valor informativo no depende exclusivamente del documento, sino del usuario y su necesidad de información. Por lo tanto, algunos criterios prácticos a la hora de distinguir los borradores serían:

- Determinar si existe un documento original que recoja la información de este borrador.
- Distinguir la versión más completa de entre sus diferentes versiones.
- Preservar aquellos borradores cuya información no puede ser recogida por ningún otro documento o herramienta informativa de la organización.

LA FIRMA DIGITAL

La firma digital ha sido y es uno de los métodos utilizados para garantizar la fiabilidad de los documentos electrónicos. La fiabilidad se demuestra si se garantiza la autenticidad y la integridad del documento firmado. La autenticidad se demuestra mediante la determinación de la identidad del documento, constatando el estado de la transmisión y determinando su grado de conservación. La integridad se demuestra mediante la constatación de la no corruptibilidad del documento. Para alcanzar estos objetivos, la tecnología digital ha puesto al alcance un instrumento que pretende garantizar todos estos valores.

La tecnología de la firma digital utiliza la criptografía de clave pública. En este caso cada usuario dispone de dos claves: la clave pública y la clave privada. La primera viene distribuida de forma libre, mientras que la segunda es secreta. El procedimiento de firmado es el siguiente: el usuario A toma el documento original que quiere enviar y lo codifica en un código único mediante la función llamada *hash* (basado en un algoritmo tipo SHA-1, SHA-2, MD5, entre otros). Esta función codifica el documento en un *bit-stream* o valor numérico que a continuación se encripta con la clave privada del usuario A. El resultado de la operación es un objeto digital (el de la firma) que va asociado al documento. Este objeto digital y el documento se envían al usuario B. El usuario B recibe el objeto y lo desencripta con la clave pública, verificando que la procedencia es cierta y segura. Con la desencriptación, la función *hash* aparece, el usuario B recalcula la función y la compara con la que ha recibido. Una vez comprobada su exactitud, la verificación es completa.

El instrumento, sin embargo, ha presentado algunos problemas fundamentales a la hora de afrontar la defensa de la integridad y la autenticidad de los documentos que corrobora. Tal como Filip Boudrez (2007) ha constatado, la firma electrónica no permite demostrar la identidad de los documentos, sino que sólo puede demostrar que el documento ha sido firmado mediante un sistema de clave pública y privada; en ningún caso que la persona que dispone de esta clave pública y privada la haya utilizado en *persona*. La autoría de la disposición de la firma es presunta. La identificación de la identidad, por lo tanto, siempre será presunta. Por otra parte, la integridad que constata la firma digital es la del *bit-stream* generado, pero no la del documento. El *bit-stream* generado por una firma digital es la codificación del documento y la firma a la vez, pero no del documento por sí solo. Por lo tanto, la autenticación de un documento a partir de la firma digital no puede garantizar totalmente ni la autenticidad ni la integridad de los documentos transmitidos.

Boudrez explica que la autenticidad del documento se puede garantizar con la demostración absoluta de su identidad, y ésta sólo se puede mostrar a partir de los metadatos convenientes. Pero ya hemos visto que se requieren más elementos. Con respecto a la integridad, hay que diferenciar la integridad física y la integridad intelectual. La integridad física, el *bit-stream* , sí está firmado por la firma digital, en realidad forman un único cuerpo. A la mínima que un bit se modifique, entonces la integridad física ha cambiado. Pero eso no significa que el contenido, es decir, la integridad intelectual del documento, haya cambiado. Eso hace que el documento pueda continuar disponiendo de la misma capacidad de producir efectos jurídicos o informativos que antes del cambio de su *bit-stream* . En este sentido, la pérdida de integridad física no es totalmente decisiva.

Ahora bien, la disposición de una firma digital pretende que la integridad física sea incorruptible, para demostrar que la intelectual se mantiene intacta y no ha recibido ningún tipo de injerencia externa. Sin embargo, la degradación de un soporte o la migración del documento pueden acabar comprometiendo su integridad intelectual sin que la firma digital pueda hacer nada en su defensa. En conclusión, la firma digital es una herramienta que permite la constatación de una autenticidad presunta y de una integridad segura en el momento de la transmisión del documento a través del espacio, pero no es una herramienta que permita la conservación a largo plazo de estos valores.

El elemento que dota de potencia adicional a la firma digital por sí sola es la cadena de validación. Es decir, en cualquier verificación de una firma digital hay que constatar la relación clara entre la persona que ha enviado el documento y su clave pública. La clave pública sólo tendrá valor si ha sido emitida por una entidad certificadora. Entonces la firma digital se convierte en un certificado digital, por lo tanto la hace cierta a la luz pública. Más valor le vendrá asociado si la certificación viene dada por una entidad certificadora autorizada.

La cadena de validación no finaliza con esta constatación. Convendrá que cualquier movimiento que se realice con el documento firmado deje constancia. A pesar de todo, los certificados digitales tienen una vida limitada. Incluso pueden ser revocados antes de su fecha de caducidad a instancia de parte. Si la certeza del documento viene dada sólo por su firma, entonces tanto el documento como su firma quedan comprometidos por el paso del tiempo. Para resolver eso actualmente se aplica un sello de tiempo que permite la perdurabilidad de la certeza de la firma digital. El sello de tiempo, sin embargo, tampoco garantiza la integridad física del soporte ni la integridad intelectual del documento. Por lo tanto, tanto firma digital como sello de tiempo no superan la prueba del tiempo, es decir, no superan el largo plazo.

Eso no hace que un documento, con la caducidad de firma digital y de los sellos de tiempo, pierda su capacidad para ser auténtico o íntegro. Simplemente demuestra que la autenticidad la puede garantizar de mejor manera la disposición correcta de metadatos que permitan cerciorarse de la identidad del documento y, por lo tanto, de quien tiene la responsabilidad de éste. Con respecto a la integridad serán también los metadatos los que identifiquen el contexto documental y la estructura física en que ha sido creado el documento. Uno de estos metadatos puede ser la indicación de que en un momento dado se dispuso una firma digital a efectos de mayor seguridad, y la descripción de las características de ésta y de su certificación digital.

Muchos documentos actuales se han firmado y se firman con esta tecnología. Eso hace que convenga prever su preservación a largo plazo. A este efecto, Filip Boudrez plantea tres sugerencias que deben tenerse en cuenta:

- La constatación de la cadena de validación utilizada en el momento de la firma del documento.
- La posibilidad de migrar los bit-streams creados con la firma digital.
- Utilizar la firma digital para plazos tan cortos como la obsolescencia de la tecnología permita.

Como soluciones prácticas para la preservación a largo plazo ofrece cuatro posibles vías:

- La refirma de los documentos después de su migración. Por tanto, habrá que disponer físicamente la firma aparte del documento que se va a firmar; sino se migrará un documento y una firma a la vez y se traicionará el principio fundamental de defensa de la integridad original que se le supone a la firma digital.
- El registro de cada validación que se realice sobre el documento.
- La preservación del bit-stream original y de su cadena de validación. Para dejar constancia de esta cadena convendrá transmitir a lo largo del tiempo la siguiente información: el algoritmo de encriptación utilizado; el algoritmo utilizado para el cálculo de la firma digital; el nombre de la persona que firma; la firma digital desencriptada; la clave pública; el estatus del certificado digital.

- La certificación del proceso de migración. En este paso una tercera parte de confianza verificará los documentos firmados digitalmente después de la migración; constatará el proceso de migración; y dispondrá de un certificado. En este caso la confianza en el documento no residirá en la confianza en la firma digital, sino en el certificado.

En resumen, la autenticación de un documento a efectos de probar su autenticidad e integridad, mediante la firma digital plantea muchos problemas. Uno de los problemas radica en que el concepto de firma digital se basa en un objeto digital. En cambio el documento electrónico es mucho más que un objeto digital o un *bit-stream* original. Otro problema estriba en que la firma digital está demasiado sujeta al devenir de las transformaciones tecnológicas, y por lo tanto, a su obsolescencia. La firma digital, pues, en el contexto de la administración electrónica, ha sido una solución puntual (amparada por la legalidad, todo sea dicho) pero que no ha resuelto la función principal de cualquier Administración que es la garantía de los derechos de los ciudadanos ahora y para siempre.

METADATOS PARA LA PRESERVACIÓN

Los atributos descriptivos del documento y el expediente también reciben el nombre de metadatos, es decir, datos que describen datos. Los metadatos en ambiente electrónico tienen una doble función, por una parte la descripción del documento y el expediente integrados en un perfil propio, y por otra la preservación de estos documentos y expedientes.

A la luz de la ISO 23081-1: 2006 *Information and documentation: Records management processes: Metadata for records*, se pueden diferenciar dos grandes grupos de metadatos descriptivos: metadatos de perfil y de gestión, y metadatos técnicos.

Metadatos de perfil y de gestión

Son los que describen e identifican los documentos y los expedientes tal como se ha visto anteriormente. Determinan las características principales del contenido del documento/expediente, disciernen los elementos fundamentales de su contexto administrativo de creación y determinan las personas que han participado en su generación, así como los elementos clave de su estructura lógica o intelectual.

Dentro de este primer grupo se podrían distinguir unos metadatos descriptivos del perfil, metadatos relativos a los autores de los documentos y metadatos relativos a los derechos que emanan de los documentos. En este sentido existen diferentes estándares que han afrontando el diseño de modelos de aplicación de los metadatos como por ejemplo *MARC*, *Dublin Core Metadata Element Set*, *Digital Documentation Initiative* o *Encoded Archival Description* (EAD). Con respecto a los metadatos relativos a los productores de los documentos se tienen a disposición estándares como MARC, MADS o EAC. Este último se orienta más a la descripción del contexto de creación, entre cuyos metadatos se pueden encontrar los relativos a las autoridades responsables. Un modelo de metadatos muy potente es el diseñado por el proyecto PREMIS (*Preservation metadata: implementation strategies*) que en marzo de 2008 ya ha presentado la versión 2.0 de su modelo.

Metadatos técnicos

Implementados para gestionar acciones preventivas y de conservación de documentos y expedientes. Describen las características físicas de los documentos, los formatos de creación, el uso y la preservación. Otros determinan los elementos fundamentales de su contexto de creación, es decir, son los relativos al programa informático utilizado en el entorno de creación y en el de preservación, los datos de autenticación y seguridad, las necesidades técnicas que puedan ser válidas en un futuro para poder seguir accediendo a estos documentos y expedientes, los elementos clave de su estructura física, y la información relativa a su disposición en algún tipo de soporte o hardware.

Algunos estándares ya han afrontado también la implementación de metadatos descriptivos de la parte tecnológica de cualquier entorno creador de documentos electrónicos. Uno de los más recientes y que se está comprobando como muy útil es el modelo METS *(Metadata Encoding and Transmission Standard)*.

En realidad el METS es algo más que un mero estándar descriptor de metadatos técnicos. El METS permite la creación de objetos digitales en los que se pueden aplicar metadatos descriptivos de perfil y de gestión, pero sobre todo demuestra una clara potencia en la descripción de la estructura física y lógica de los documentos y/o expedientes que se describen. Una sección innovadora de este estándar es la llamada sección de comportamiento (*behaviour section*) en el que prevé la descripción de aquellos elementos que aporten información sobre el comportamiento del documento electrónico en origen y/o de un objeto digital METS ante una tecnología concreta.

Los dos grupos pueden implementarse de manera distinta y en diferentes momentos temporales, pero su compleción y exactitud son absolutamente necesarias a efectos de preservación.

FORMATOS DE CONSERVACIÓN

El formato es la organización de la información en el interior del documento electrónico destinada a su conservación, reencuentro, procesamiento, representación y/o transmisión a través de un software. Dicho simplemente, el formato codifica una información de una manera determinada que se representa mediante un software concreto.

Evelyn Peters McLellan (2007) ha puesto sobre la mesa diferentes puntos que hay que tener en cuenta a la hora de evaluar la idoneidad de un formato u otro, para afrontar la preservación de los documentos que codifican.

Según la autora, los formatos tienen dos funciones básicas:

- **Función de reproducción:** estructurar la información para que sea mostrada mediante un software.
- **Función de conservación:** permitir la estructuración de información en una codificación que pueda ser interpretada y representada por

diferentes programas informáticos a lo largo del tiempo.

Los formatos también se pueden diferenciar en función de sus características:

- **Formatos abiertos:** la estructura preestablecida de los datos es pública y se puede adquirir libremente, además, el software que lo representa no es propietario y/o es *open-source* (algunos de los cuales son propietarios, como los PDF).
- **Formatos estándares:** sus características son las más deseadas, sin tener que cumplir obligatoriamente las de los códigos abiertos.
- **Formatos estables:** aquellos que son más compatibles y mejor soportados por la industria del software y por los usuarios.

La propiedad de los formatos genera una doble división:

- **Formato propietario:** consiste en una codificación secreta conocida por una empresa.

- **Formato no propietario:** es de libre acceso y abierto a todo el mundo.

Algunos de los criterios que deben tenerse en cuenta para seleccionar los más óptimos con vistas a la preservación son los siguientes:

- El uso más o menos extendido del formato. Pasa que, como mucha gente utiliza formados de Microsoft, se opta por escoger estos formatos con vistas a la conservación, dado que todo el mundo los conoce.
- Su origen propietario o no propietario.
- La disponibilidad de sus características específicas.
- Su capacidad para ser independiente de la plataforma que los utiliza, permitiendo su interoperabilidad.
- La mayor o menor posibilidad de compresión.
- El equilibrio en la elección del formato más óptimo, en función de la plataforma utilizada, de los criterios económicos o de la facilidad para encontrarlos y utilizarlos.

La selección se ve sometida al dinamismo permanente del mercado, que nos ofrece contradicciones patentes. Lo que antes era un formato propietario como por ejemplo el OOMXL de Microsoft, ahora se ha convertido en un estándar aprobado por una ISO. Un hecho curioso es que el formato PDF/A de Adobe, sobradamente utilizado y aceptado, de formato abierto y conocido, y también estandarizado en la ISO 19005 -1: 2005 no deja de ser un formato propietario.

Los formatos permiten representar todo tipo de documentos electrónicos, entre ellos, los documentos textuales, los documentos de imagen, los audiovisuales, los interactivos y dinámicos, los sistemas de información geográfica, entre otros.

Entre los documentos textuales, estén en formato propietario o abierto, se reconocen sin problemas los formatos de Word de Microsoft o los formatos abiertos como Openoffice. Los formatos textuales son los más utilizados a la hora de generar documentos administrativos. La mayoría de los documentos textuales pueden ser reducidos al formato plano con extensión TXT. Se trata de un formato simple compuesto de texto, de caracteres, sin ningún tipo de determinación formato asociada (como por ejemplo el tipo de letra o si tiene que ir con negrita o versalita). Eso hace que pueda ser representado por diferentes programas electrónicos y en diferentes formatos propietarios. A efectos de preservación, el ejemplo del TXT nos permite decir que la simplicidad tecnológica puede ser un valor adecuado, dado que permite que la tecnología evolucione y no se pierda nunca la capacidad de legibilidad e inteligibilidad del documento.

De todas maneras el formato más aceptado a efectos de preservación es el llamado PDF/A (*Portable document format - Archive*). Se trata de un producto propietario que ha permitido emular la imagen de los documentos en papel en una pantalla, y que a la vez permite encapsular en él mismo una serie de metadatos a manera de perfil de documento necesarios para su visualización, que lo hacen estable a lo largo del tiempo. Estable en el sentido de que permite que los documentos se puedan reproducir tal como fueron creados en el primer momento, sin peligro de pérdida de integridad. Permite la representación de documentos textuales, pero también de documentos compuestos con texto, gráficos y/o imágenes. Una limitación es que no puede representar documentos audiovisuales.

Con respecto a los formatos de imágenes los dos más extendidos son los llamados JPEG y TIFF. El TIFF (*Tagged Image File Format*) ha sido y es uno de los más utilizados. En él se encontrarán la imagen y una serie de metadatos, llamados etiquetas o tags, en los que se describen las características de la imagen. Eso hace que el peso en bits de este formato suela ser elevado, y su conservación dependerá de la mayor o menor capacidad de almacenaje de los servidores. En este sentido la compresión de la imagen y la información se convierte en primordial. A efectos de preservación ha sido uno de los formatos más utilizados. El formato JPEG (*Joint Photographic Experts Group*) comprime con buena calidad la imagen digital. El inconveniente es que en el momento de descomprimir la imagen para su reproducción se suele perder parte de la calidad. La ventaja es que permite diferentes grados de compresión y se pueden establecer políticas. A efectos de transmisión este es el formato más utilizado. Los documentos de imagen suelen ser documentos administrativos informativos o de apoyo a documentos textuales. Como ya se ha dicho, algunos de ellos se pueden fijar en PDF, sueltos o combinados con texto, dando lugar a documentos compuestos.

Una variante del JPEG adecuado a los formatos de imagen en movimiento es el MPEG (*Moving Pictures Experts Group*). Se trata de un formato que permite codificar audio y vídeo. Existen diversas versiones: MPEG-1, MPEG-2 (usado para imágenes de televisión), MPEG-3 (no hay que confundirlo con el MP3, formato únicamente de audio) y MPEG-4. El formato MPEG-7 es el primero que permite describir los contenidos de la imagen en movimiento y del sonido, utilizando descriptores en Dublin Core. El formato MPEG-21 convierte el documento en un objeto digital compuesto de imagen, sonido y metadatos, dentro de un espacio de seguridad completo a efectos de garantizar transmisiones seguras y que no afecten al documento original, para evitar la lesión de derechos de autor y de distribución. Estos formatos, sobre todo el MPEG-2 y MPEG-7 en la mayoría de las televisiones locales que emiten en digital o que están preparándose para hacerlo. En el ámbito de la Administración 2.0 se está extendiendo el uso de microvídeos que permiten el intercambio de información en formatos audiovisuales entre trabajadores y usuarios de las organizaciones. Habrá que contemplar su preservación como documentos informativos o de apoyo, y quizás en un futuro como documentos legales a todos los efectos.

Los sistemas de información geográfica o SIG (GIS en inglés) son sistemas informáticos que integran, editan, analizan, comparten y muestran información con referencias geográficas y territoriales. Los *e-maps* que se encuentran en las administraciones son esencialmente este tipo de herramienta para la gestión catastral, la gestión de la numeración de calles, el mantenimiento de la cartografía municipal, la planificación de los viales, de los caminos, etc. Se trata de sistemas permanentemente activos que presentan evidentes dificultades a efectos de preservación. Los formatos utilizados permiten unos documentos totalmente dinámicos y en permanente cambio. Y este es uno de los puntos importantes: ¿en realidad los SIG son un documento en sí mismos o son generadores de documentos? Un *e-map* de una ciudad es un documento que se puede generar mediante la combinación de los datos actualizados de un SIG. Estamos ante generadores de documentos. Se trata de una base de datos geográficos, de manera que su conservación se tiene que plantear o bien completa (con los previsibles problemas de obsolescencia del software) o bien a partir de los productos informativos que pueda generar y que sean tratados como documentos: mapas, listados de calles, etc. En algunos casos se han congelado en formatos de imagen digital la representación de una serie de datos combinados a efectos de conservación y memoria en un momento concreto.

Las páginas web son en esencia un producto de información que combina documentos dinámicos, interactivos y compuestos. Dinámicos porque pueden estar en constante transformación; interactivos porque pueden disponer de diversos productores a la vez; y compuestos porque se pueden utilizar páginas de texto (editadas con lenguajes de marca como HTML o XML), imágenes (en formatos adaptados al entorno web como el BMP, GIF, JPEG, PNG, entre otros), documentos audiovisuales (MPEG), etc. En la administración electrónica la web desempeña un papel prioritario a la hora de informar al ciudadano, y con la web 2.0 se ofrece un espacio de interlocución entre Administración y ciudadano que fomenta la capacidad operativa de las organizaciones y la agilidad informativa que requiere el ciudadano. En realidad, sin embargo, la web se puede considerar un documento o un proveedor de documentos. De igual manera que los SIG la podemos considerar una base de datos que lleva documentos incorporados o un documento en sí mismo.

Estos documentos ocupan en muchos casos una cantidad de espacio ingente. Así el problema de la preservación de una web proviene de la necesidad de mantener accesibles aquellos documentos que lleva asociados y la aplicación informática que los hace rebuscables. Una web implementa un espacio de información hipertextual a partir de tres lenguajes o protocolos: el URI (*Universal Resource Identification*) es un estándar para dirigir recursos; el HTTP (*Hyper Text Transport Protocol*) es un protocolo para solicitar y disponer de documentos; el HTML (*Hypertext Mark-up Language*) es un DTD (*Document Type Definition*) proveniente del lenguaje SGML y es el lenguaje más usado para crear páginas web.

La mayor o menor posibilidad de compresión de los formatos es el elemento que hoy por hoy mide el éxito o fracaso en el ámbito de las comunicaciones. A mayor capacidad de compresión, más facilidad de comunicación e intercambio de la información. A menor capacidad, más estabilidad y más compleción. Eso hace que con vistas a la conservación a largo plazo sean más fiables los formatos que aceptan menos compresión. Sin embargo el hecho de que estos sean muy pesados hace que ocupen mucho espacio en los discos de almacenaje, por lo que la conservación es más dificultosa por falta de espacio.

Cada vez más, una herramienta muy útil para las organizaciones será un catálogo de los formatos que se hayan utilizado a lo largo de su historia informática y una política de gestión sobre la preservación y eventual migración de éstos. Se aconseja que el servicio de archivo y los sistemas informáticos trabajen a la vez a la hora de determinar cuáles son los más óptimos con vistas a la preservación.

Desde el año 2002 se está desarrollando el proyecto PRONOM. Esta iniciativa de los Archivos Nacionales de Gran Bretaña, ofrece un registro en línea de información técnica e imparcial de formatos documentales, programas informáticos necesarios y otros componentes técnicos requeridos a efectos de apoyar el acceso a largo plazo a los documentos electrónicos, pero también de otros objetos digitales de valor cultural, histórico o económico. Se trata de una herramienta muy útil para entender las características básicas de un formato y su capacidad de resistencia al paso del tiempo.

EL SISTEMA DE GESTIÓN DOCUMENTAL COMO GARANTE DE UNA BUENA PRESERVACIÓN.

Hemos visto hasta ahora que el elemento fundamental para poder garantizar todos los valores esenciales de los documentos se encuentra en un buen desarrollo de los metadatos. Con el fin de lograrlo, los metadatos se tienen que añadir en los documentos desde el momento inicial de su creación o recepción. Los espacios iniciales de creación y recepción documental son las oficinas y el registro general de la organización, por lo tanto la incidencia del paradigma de la preservación de los documentos electrónicos se tiene que notar desde el principio de cualquier procedimiento. En la medida en que la organización sea consciente de esta premisa fundamental, las posibilidades de generar documentos con metadatos descriptivos aptos para una conservación a corto, medio y largo plazo aumentarán.

Sistema de gestión documental

Muchas organizaciones no son conscientes de lo que se acaba de apuntar. Para iniciar cualquier política dirigida a la mejora de los flujos de trabajo y de la generación documental, se recomienda atender a la ISO 15489-I (punto 8.4: Metodología de diseño e implementación), dedicadas a ofrecer los principios básicos que tienen que orientar un buen sistema integral de gestión documental.

Sintéticamente los ocho pasos que deben seguirse son los siguientes:

- **Una investigación preliminar:** realizar una auditoría completa del estado de la documentación generada y conservada en la organización.
- **Análisis de las actividades y las funciones:** cada organización dispone de unas funciones concretas que conviene tener claras. Las administraciones son las que tienen más. Cada función se puede llevar a cabo mediante diferentes actividades. Una herramienta útil para realizar este análisis es la aplicación de la norma ISAF (International Standard on Activities/Functions of Corporate Bodies), publicada en 2007.
- **Identificación de los requerimientos de los documentos:** censarlos, estudiarlos, describirlos y

observar los valores en cada momento de su existencia.

- **Identificación y análisis de los sistemas existentes de gestión de los documentos y de la información:** es fundamental tener una visión suficientemente realista del actual esquema de la gestión documental y determinar con claridad sus puntos críticos.
- **Identificación de las estrategias destinadas a satisfacer los requerimientos de los documentos y demarcación de un calendario:** la existencia de un grupo de trabajo o departamento dedicado a la planificación de estas estrategias se convierte en fundamental.
- **Diseño de un sistema de gestión documental:** realista, adaptable a partir del preexistente o diseñado de nuevo, económicamente razonable y con una implicación a alto nivel político.
- **Implementación del nuevo sistema:** el gran elemento que deberá resolverse será el cambio cultural que eso implicará, además de la lentitud habitual en el interior de las administraciones que hace que todo evolucione con largas pausas.
- **Monitorización permanente de los éxitos y fracasos de la implementación del nuevo sistema:** es la clave del éxito, la continuidad del grupo de

trabajo o departamento y la continua reflexión sobre las posibles mejoras del nuevo sistema impulsado.

Un sistema de gestión documental no es un simplemente un sistema de gestión de la información. La realidad nos demuestra que en el interior de las administraciones no se constata convenientemente la diferencia, y se piensa que en realidad todo es una misma cosa que suele recibir el nombre de sistema de gestión de la información. Incluso, en algunos casos se llama sistema de gestión documental a lo que en realidad es sólo un sistema de gestión de la información. Un sistema de gestión documental es un sistema de gestión de información orientado a un producto de información que son los documentos.

Tal como ha identificado Jordi Serra (2004), existen dos sistemas básicos de gestión de la información en función de sus objetivos: el sistema datacéntrico y el sistema docucéntrico.

Sistema datacéntrico

Un sistema datacéntrico es un sistema de información en el que los datos se disponen en varias tablas de una base de datos y, en primera instancia, se hace imposible determinar qué partes corresponden a un documento y/o a un expediente. Estos sistemas permiten la gestión de los llamados expedientes electrónicos. En realidad este expediente es una combinación de datos y documentos en formato electrónico que vienen representadas por un software. El máximo problema es que se hace imposible reconstruir la unidad fuera del sistema, de manera que a efectos de preservación: o conservas todo el sistema o hay que pasarlo a un sistema nuevo. En estos casos el sistema completo es propiamente el documento. Una de las ventajas de este sistema es que permite implementarse a corto plazo, permite optimizar recursos, indexar datos y reutilizarlos en futuras acciones. Una de las dificultades es que implica una dependencia del sistema que dificulta o impide el acceso a la legibilidad e inteligibilidad de los documentos cuando se convierte en obsoleto. Es el sistema de información utilizado en la gran mayoría de organizaciones y una de las bases técnicas del buen desarrollo de la administración electrónica, entendido como flujo de información significativa entre administraciones y ciudadanos.

Sistema docucéntrico

A efectos de preservación y de gestión documental el sistema que hay que tener en cuenta es el llamado docucéntrico. Es aquel en que se crean documentos formalizados, a partir de un contenido, una estructura y un contexto, con unos límites definidos y una forma reconocible. Este modelo permitirá que el documento sea más independiente, lo dotará de contexto propio y permitirá el acto de aplicar medios de autenticación y acreditación de identidad. Permitirá también el archivo digital de los documentos creados y también su preservación a largo plazo. A este efecto convendrá fijar en cada documento sus correspondientes metadatos, convirtiéndolo en un objeto digital de preservación. Estos sistemas se pueden encontrar de forma individualizada o integrados en un sistema de gestión de la información.

Con vistas a la preservación, el sistema datacéntrico tiene que ser conservado íntegramente, mientras que el sistema docucéntrico genera documentos que pueden pasar a otros sistemas exclusivamente dedicados a la preservación. Una situación ideal sería la combinación justa de un sistema datacéntrico, un sistema docucéntrico que convirtiera y gestionara los documentos y los expedientes generados por el primero, y un tercer sistema llamado de preservación que recogería los documentos del segundo sistema y los prepararía para su conservación definitiva.

Preservar un sistema

A la hora de afrontar la preservación de estos sistemas y de la información, los documentos y los expedientes generados se habla de diferentes metodologías: la migración a un nuevo sistema, la emulación del sistema o la preservación de la tecnología.

La migración pretende resolver los problemas de obsolescencia del hardware, del software y de los formatos de los documentos. Esta se realiza con la transferencia controlada de la información y de los documentos a otro hardware, software y/o formato. Esta migración puede ser programada o puede ser motivada por un atraso tecnológico de la organización que requiere una solución integral. Los efectos de las migraciones sobre la integridad de los documentos pueden ser perniciosos. La manipulación directa de su *bit-stream* la puede afectar, y de rebote a la autenticidad del documento y a sus metadatos descriptivos. Este mecanismo es especialmente delicado cuando se quiere aplicar a la firma digital de un documento electrónico, ya que éstas fundamentan su fuerza en la no transformación de su cadena de bits.

La emulación es un método de preservación que pretende evitar la manipulación de los documentos electrónicos originales y de los sistemas de información. En este caso se implementan sistemas virtuales que emulan el previamente existente. Eso hace que no sea necesario implementar novedades tecnológicas ni migrar los formatos iniciales sino implementar la simulación del entorno informático que generó aquel documento. A efectos de preservación la emulación siempre estará sometida tecnológicamente a la tecnología que la permita. A diferencia de la migración no se plantea la utilización de formatos que en lo relativo a la preservación puedan ser más aptos para resistir el paso del tiempo.

Preservar la tecnología es otra alternativa. Eso implica la preservación del entorno técnico que ejecuta un sistema, el software y el hardware original. Esta modalidad está sometida a la capacidad de resistencia de esta tecnología al paso del tiempo, no prevé la migración de los formatos de los documentos a formatos de preservación y es dependiente del conocimiento del funcionamiento del entorno técnico antiguo a fin de que se pueda traspasar a las diferentes personas que en un futuro lo tendrán que utilizar.

Ninguno de estos tres sistemas, sin embargo, es un verdadero sistema de preservación de documentos de archivo. En realidad el método más implementado es el de la migración, y a efectos de preservación quizás es el más racional porque se intenta adaptar a los cambios tecnológicos sin perder los valores esenciales de los documentos que se han migrado.

El *Study 16* (2005) del Consejo Internacional de Archivos (ICA) es un manual de gestión de documentos electrónicos dirigido a archiveros. En él se han determinado cuatro métodos para la definición de un sistema de preservación de documentos de archivo.

El método A es aquel en el que los documentos se mantienen en el contexto inicial a largo plazo, es decir, la organización los mantiene en un sistema datacéntrico y/o docucéntrico en constante funcionamiento. En el momento en que se produce un cambio tecnológico, todo el sistema, incluidos los documentos y los metadatos, se convierte en una nueva plataforma. Por lo tanto, se prevé la preservación tecnológica en un principio y a continuación su migración integral.

El método B es aquel en el que los documentos de conservación permanente que no se utilizan y sus metadatos se copian en ficheros históricos, en el formato original y se borran del sistema en uso. Los ficheros históricos los gestiona la organización productora o se transfieren a una institución de custodia. Cuando ocurre un cambio tecnológico los ficheros se migran al nuevo software, con el fin de poder acceder a ellos.

El método C es aquel en el que los documentos de conservación permanente que no se utilizan y sus metadatos se copian en ficheros históricos y se almacenan en un formato plano independiente de cualquier software específico. Existe, sin embargo, un sistema que permite la reconversión de éstos en formatos de uso, propio de la organización en el momento que se les vuelve a necesitar. Estos formatos planos sólo se migrarán a otros formatos en el momento que puedan dejar de ser accesibles o cuando el método sea poco práctico en comparación con algún otro. Un formato plano puede ser el XML que con un DTD (*document type definition*) común, documenta una sola estructura de datos.

El método D es igual que el método C, pero permite que la conversión a un formato plano como el XML con su DTD sea personalizado para cada sistema activo de generación de documentos. De esta manera el DTD permitirá la documentación de cada una de las estructuras diferentes existentes en la organización. No hay una sintetización de los documentos en una sola descripción como en el método C y por lo tanto documenta mejor las diferentes maneras de generar los documentos. Posteriormente un sistema de recuperación permite el acceso al usuario.

Los métodos C y D prevén la existencia de un sistema de recuperación de los documentos con el fin de favorecer su consulta. Este sistema de recuperación deberá "recuperar" los documentos de algún lugar. Este lugar es el llamado archivo digital o repositorio de documentos electrónicos. El sistema de recuperación cogerá los documentos de este lugar y los hará aptos para su consulta. De esta manera en el interior del archivo digital los documentos podrán estar en los formatos de preservación más adecuados, dado que el sistema de recuperación los hará legibles e inteligibles al usuario.

UN ARCHIVO DIGITAL PARA LOS DOCUMENTOS ELECTRÓNICOS

Un archivo digital es un repositorio donde se preservan los documentos electrónicos de forma segura. Es un contenedor de documentos que tiene unos valores esenciales que defienden unos derechos concretos. Un archivo digital tiene que garantizar la seguridad y la accesibilidad de todos estos documentos. La mera existencia de un repositorio sólo garantiza la capacidad de disponerlos de manera unitaria en un entorno concreto, y eso no es suficiente. El archivo digital necesita dotarse de un sistema de archivo de documentos que permita confiar en cualquiera de los documentos que preserva.

Para alcanzar este objetivo el modelo OAIS (*Open Archival Information System*) destaca por ser un estándar válido y aceptado a la hora de organizar un sistema seguro de archivo. Este modelo está amparado por la ISO 14721:2003.

Se define como un conjunto de personas y sistemas que aceptan la responsabilidad de conservar la información, los documentos y los expedientes y hacerla accesible a una determinada comunidad. Tanto los documentos como los expedientes se convertirán en objetos digitales de preservación. De esta manera estaremos hablando de un sistema de gestión de objetos digitales destinados a la preservación. Para conseguir este propósito se define un sistema distribuido en tres etapas: la adquisición, la conservación y el acceso.

La adquisición

La adquisición se producirá de dos maneras: previa evaluación y selección o de forma directa. En cualquiera de los dos casos el documento se recibirá en su formato original o ya como objeto digital. El modelo OAIS llama a este objeto para transferir con la sigla SIP (*submission information package*). Dentro del sistema este documento u objeto digital se transformará en un objeto digital preservable o AIP (*archival information package*). El nuevo objeto digital se conformará con cuatro paquetes de información: información sobre el contenido (*content information*), el documento original (*content data object*), información de representación (*representation information*) e información relativa a la preservación (*preservation description information* o PDI).

Esta transformación es en esencia una migración de formato, de modo que conviene garantizar la preservación de la integridad y la autenticidad del documento original. A la vez habrá que eliminar cualquier rastro de virus, contraseñas o compresiones que puedan afectar a la integridad física e intelectual de los documentos. La migración en objeto digital persigue la adopción de un formato de conservación estable a largo plazo. Los documentos pueden ser migrados individualmente o por agrupaciones documentales. Eso permite, por una parte, la preservación de aquellos documentos administrativos y, por otra, la preservación de expedientes administrativos u otras unidades documentales compuestas, producidas por la actividad ordinaria de la organización. Los nuevos objetos digitales tendrán que ser descritos con metadatos, opcionalmente se podrán firmar digitalmente y se copiarán en el repositorio.

La conservación

La conservación se podrá lograr gracias al repositorio de archivo y a la migración realizada en el proceso de adquisición. Una vez en el repositorio, de forma periódica se procederá a ejecutar mecanismos de detección de errores y de garantía de la legibilidad e inteligibilidad. Eso implica la monitorización regular de los programas y equipos informáticos que permiten el acceso a estos objetos digitales. Se pretende que el sistema de archivo seguro no quede obsoleto tecnológicamente a corto plazo. En este sentido las soluciones propuestas para la preservación de sistemas (preservación de la tecnología, emulación o migración) también son válidas para preservar el sistema de archivo. El fundamento de la larga preservación, en definitiva, se encuentra en la preservación de objetos digitales estables y en la preservación de los mecanismos que permitan su uso.

El acceso

El acceso, o la capacidad de uso, a largo plazo, es el objetivo final. La recuperación de los objetos digitales de preservación para su consulta se producirá en tres etapas:

- La consulta del inventario o catálogo de documentos construido a partir de los metadatos.
- Una vez encontrado se convierte el documento encapsulado en el objeto digital de preservación en un formato que pueda ser representado y difundido al usuario. A efectos de mantenimiento de la integridad, la conversión realizada del documento se hará mediante una copia de consulta con referencia a los metadatos que permitan la autenticación de su autenticidad. En esta fase el AIP se transformará en un DIS (*dissemination information package*).

- El documento transformado se transfiere a un área accesible al usuario durante el tiempo que sea conveniente.

Implementar un sistema de archivo

La implementación de un sistema de archivo basado en el modelo OAIS necesita de unos pasos previos imprescindibles. Lo más importante es la generación de documentos y objetos digitales en el área de creación de los documentos, aptos para su transformación en el sistema de archivo. Eso hace que en realidad el modelo OAIS requiera la orientación de los sistemas de información y gestión documental de las organizaciones hacia la preservación.

La realidad de la administración electrónica nos dice que la mayoría de los sistemas de información acaban orientando el sistema de archivo hacia ellos y no al revés. De manera que si no lo orienta bien o se desentiende, el resultado es la inexistencia de un sistema de archivo seguro. Conviene recordar que archivar no sólo quiere decir almacenar, sino disponer organizadamente la documentación: esta premisa excluye el almacenamiento masivo de la información y de los documentos en grandes repositorios, sin un control exhaustivo. La gran batalla (o la utopía del sistema) es que el diseño de la organización de estos sistemas se haga desde el momento en que el procedimiento de generación documental se inicia, de la misma manera que las casas se empiezan por los cimientos y no por el tejado.

¿QUÉ TENEMOS QUE PRESERVAR?

Como resumen de todo lo que se ha dicho, entendemos que la preservación de los documentos electrónicos se tiene que afrontar preservando lo siguiente:

- Los derechos de los ciudadanos.
- La certeza, la precisión y la compleción de los documentos de archivo.
- La responsabilidad de los productores.
- Los documentos de archivo a corto, medio y largo plazo.
- Las relaciones de los documentos de archivo con otros documentos de archivo que configuran normalmente expedientes, es decir, el vínculo archivístico.
- El perfil del documento y del expediente con metadatos descriptivos completos, precisos y ciertos.
- Los metadatos relativos al contexto, contenido y estructura de los documentos y de los expedientes.

- Los valores esenciales: fiabilidad, autenticidad, integridad, identidad y capacidad de uso de los documentos.
- Los valores administrativos, legales, jurídicos, informativos e históricos a corto, medio y largo plazo de los documentos.
- Los soportes.
- Los objetos digitales generados para encapsular los metadatos fundamentales de los documentos de archivo, de los expedientes y de las eventuales firmas electrónicas utilizadas.
- Las relaciones técnicas existentes entre todos los elementos encapsulados.
- Los objetos digitales de preservación que garantizarán su transformación en objetos digitales de acceso.

Bibliografia

- **Boudrez, Filip.** *Digital signatures and electronic records* En: Archival Science, 2007, nº 7, p. 179-193. <http://www. expertisecentrumdavid.be /docs/ digitalsignatures.pdf>.

- **Duranti, Luciana.** , (1997). *I documente archivistici. La gestione dell'archivio da parte dell'ente produttore. Pubblicazioni deggli Archivi di Stato. Quaderni della rassegna degli Archivi di Stato* Ministero per i beni culturali e ambientali: Ufficio centrale per i beni archivistici .

- **Duranti, Luciana; Eastwood, Terry; MacNeil, Heather.** , (2002). *Preservation of the Integrity of Electronic Records.*. Kluwer Academic Publishers: The Archivist's Library.

- **Gilliland-Swetland, Anne J.**, (2000). *Enduring paradigm: the value of the archival perspective in the digital environment.* Washington, D.C.: Council on Library and Information Resources. <http://citeseer. ist.psu.edu/ gilliland-swetland0 0enduring.html>.

- **Gladney, Henry M .**, (2007) *Preserving digital information.*. Springer-Verlag Berlin Heidelberg.

- **International Council on Archives.** (2005). *Study 16: Electronic Records. A workbook for archivists.*<http:// www.ica.org/ sites/default /files/ Study16ENG_5 _2.pdf>.
- *INTERPARES Project 1, 2, 3.*<http://www.interpares.org>.
- **NSF-DELOS Working Group on Digital Archiving and Preservation** ., (2003). *Invest to save: report and recommendations of the NSF-DELOS Working Group on Digital Archiving and Preservation.* National Science Foundation & The European Union. <http://delos-noe. iei.pi.cnr.it/activities/internationalforum/Joint-WGs /digitalarchiving/ Digitalarchiving.pdf>.
- **Peters McLellan, Evelyn** ., (2007). *Selecting digital files formats for long-term preservation. InterPARES 2 General Study 11 Final Report.*<http://www.interpares.org/ display_file.cfm? doc=ip2_file_formats (complete).pdf>.
- *PREMIS (Preservation Metadata: Implementation Strategies).*<http://www.oclc.org/research/ projects>.
- *PRONOM.*<http://www.nationalarchives.gov.uk/pronom>.
- **Rivera Ortega, Ricardo** ., (2007). *El expediente administrativo. De los legajos a los soportes electrónicos.* Ed. Thomson-Aranzadi.

- **Serra Serra, Jordi .** , (2004). *La firma electrónica y el archivo digital* En: Primeres jornades de signatura electrònica. Agència Catalana de Certificació (CATCert), Barcelona, 10-11 juny de 2004. <http://eprints.rclis.org/archive /00002602/01/ CATCERT_2004.pdf>.
- **Grupo de Innovación Tecnológica de la Subdirección General de Archivos y Gestión Documental de la Generalitat de Catalunya**, (2008). *Vocabularis de metadades.*<http://www20.gencat.cat /docs/ Cultura Departament /Cultura/ Temes/ Arxius/ Subdireccio% 20General %20d%20Arxius/ Materials%20d% 20Interes/ 20080425_ vocabularis. pdf>.

Made in the USA
Monee, IL
07 November 2026

68171758R00074